U0175803

# 时轮历精要

商卓特·桑热　　著
黄明信　陈久金　译解

青海人民出版社

图书在版编目（CIP）数据

时轮历精要 / 商卓特·桑热著； 黄明信，陈久金译解 . -- 西宁：青海人民出版社，2022.12
ISBN 978-7-225-06312-6

Ⅰ.①时… Ⅱ.①商… ②黄… ③陈… Ⅲ.①藏历—研究 Ⅳ.①P194.9

中国版本图书馆 CIP 数据核字(2022)第 017040 号

时轮历精要

商卓特·桑热　著

黄明信　陈久金　译解

出 版 人　樊原成
出版发行　青海人民出版社有限责任公司
西宁市五四西路 71 号　邮政编码：810023　电话：（0971）6143426（总编室）
发行热线　（0971）6143516 / 6137730
网　　址　http://www.qhrmcbs.com
印　　刷　陕西龙山海天艺术印务有限公司
经　　销　新华书店
开　　本　890 mm × 1240 mm　1/32
印　　张　8.125
字　　数　170 千
版　　次　2022 年 12 月第 1 版　2022 年 12 月第 1 次印刷
书　　号　ISBN 978-7-225-06312-6
定　　价　48.00 元

# 目录

# 礼赞偈

广慧诸佛五智放光华，
卅二瑞相丰采圆满身，
色空大印相应极乐姿，
祈请时轮上师降吉祥！

三有轮回怒鲸张獠齿，
吞噬生老病死血淋尸，
唯赖三宝拯引解脱道，
忧患众生喘息得复苏。

大空五字自性最上乐，
明点六言手印共拥持，

空性大悲本性“哎”[1]与“旺”[2]，
无别双运时轮我顶礼。

远离愚垢胜义虚空净，
绚丽彩虹交织楼宇中，
具足智身金黄孺童体，
垂赐智慧利剑如意枝。

普利芸芸世间妙灵药，
清除热恼大悲甘露津，
指拈莲花众生救怙主，
直至菩提于我永护矜！

妙欲、法、财、解脱四功德，
圆成化现色相清净土，
佳善吉祥涌源香巴拉，
已降将临诸王虔顶礼！

发心转动密咒水车轮，
汲取经王本释甘露液，
善巧降澍圣域持明土，
祇鲁巴、时轮足我赞咏。

[1] 哎：原文中“ཨ”的音译，代表智慧和空性。
[2] 旺：原文中“ཝཾ”的音译，代表大悲。

圣域广博高士罗摩那[1]，
巧挥明慧手指引劲弓，
飙发四系论旨锐利箭，
有破有立尽摧邪恶宗。

本初佛祖大经恒河渺，
阿迦达、惹、卓、香诸译师，
以广慧力一口猛吸干，
倾注雪域此恩难量数。

雪域缘聚萨迦及格鲁，
宁玛、噶举、觉囊等宗派，
为登佛位敷设金阶梯，
凡此诸师皆所永赞颂。

通达显密二宗布顿师，
文殊真身显化宗喀巴，
其传密藏所持克珠杰，
善巧舵手三尊奉顶髻。

善解经义法称海，
双运大位善宝海，
开辟道轨天成海，

[1] 罗摩那：原文中“རཱ་མ་ན།”的直译。

稽首讳海三大士。

浦派卓论智者宝，
珍奇璎珞《白琉璃》，
照耀白昼《日光论》，
两论造者我敬礼。

并无前贤未说义，
谨怀一腔利他心，
尽我愚鲁所知者，
撷摘精要便初学。

涅槃解脱　深奥难解，
数值轨式　堪为传介，
算经韵语　妙龄鲜唇，
后学少年　曷来尝味！

# 第一章　基础知识

## 1.01　四则总说

〔**译文**〕 读、写、加法从自己的右手向左写，乘、除、减从左向右写。乘数末尾的零要写到被乘数的末尾上去，除数里的零在末尾定位，被除数为零时无可除，乘数为零时把被乘数全擦掉。

〔**译解**〕 这里是按在沙盘上演算的方法说的。写数字时先在右端写个位，然后向左写十位、百位……求出得数后又将原数擦去，或在原数后加零等一些方法。

〔**译文**〕 乘的意义就是增加这么多倍。乘一仍得原数无增减，乘二、乘三，越乘越多。乘除遇零时画上圈，除数末尾和中间的零圈只起定位作用，不够除时，空过的这一位要记为零。

除法有单位数除和多位数除两种，单位数除可以随除随抹，多位除则以下位为主。除法就是求被除数中包含着多少个除数的方法。

进位时，一的上一位是十，十的上一位是百，往上类推。除时上位退一是十，余数仍留原处，零不可能出现在一个数值的开头。

世间存在的事物是无数的，但无论计算多么大的数量，乘除法都是这样。

## 1.02 九九表

九九表也称九九歌，是我国古代数学运算的最基本的运算规则。藏族也有本民族传统的乘法表，故，有必要列在此处，补充如下：

九一一九皆为九，九二二九一十八，九三三九二十七，
九四四九三十六，九五五九四十五，九六六九五十四，
九七七九六十三，九八八九七十二，九九是为八十一，
八一一八皆为八，八二二八一十六，八三三八二十四，
八四四八三十二，八五五八四十整，八六六八四十八，
八七七八五十六，八八是为六十四，七一一七皆为七，
七二二七一十四，七三三七二十一，七四四七二十八，
七五五七三十五，七六六七四十二，七七是为四十九，
六一一六皆为六，六二二六一十二，六三三六一十八，
六四四六二十四，六五五六三十整，六六是为三十六，
五一一五皆为五，五二二五一十五，五三三五一十五，

五四四五二十整，五五是为二十五，四一一四皆为四，
四二二四是为八，四三三四一十二，四四是为一十六，
三一一三皆为三，三二二三是为六，三三是为单数九，
二一一二皆为二，二二为四须当知，一一如一圆空零。[1]

## 1.03　六十大数名

〔**译文**〕1个、2十、3百、4千、5万、6亿（十万）、7兆（百万）、8京（或俱胝，即千万）、9秭（万万），以上九位为孤数（单名数）。以下为叠数，即每一个数名上再加一“大”字为其十倍：10阿庾多、11大阿庾多、12那由他、13大那由他、14钵罗庾多、15大钵罗庾多、16矜羯罗、17大矜羯罗、18频婆罗、20阿閦婆、22毗婆诃、24唱僧伽、26婆喝那、28地致婆、30醯都、32羯腊婆、34印达罗、36三摩钵耽、38揭底、40拈筏罗阇、42姥达罗、44跋兰、46珊若、48毗步多、50跋罗搀、52慈、54悲、56喜、58捨、60止于“无数”。

〔**译解**〕①这里如用十万、百万等名则与孤数之称矛盾，故采用旧日的亿、兆、京等。这里的“亿”不是万万。

②六十大数名称，印度有若干套，此处采用的是《俱舍论》，但最后的四位原书缺，是后人补入的。

[1] 由校订者吉毛卓玛补充。

## 1.04 数字的异名

〔译文〕一：自性、色、犀、月、白光、玉兔[1]。

二：眼、双、运行、方便智慧、交配、结合、阎罗、孪生[2]。

三：世间、热、功德、火、有、尖[3]。

---

[1] 自性：藏文为“རང་བཞིན།”，据佛经，任何事物其自性只有一个，故“自性”表示数字一（1）。色：藏文为“གཟུགས།”，据佛经，色蕴唯一，故“色”表示数字一（1）。犀：藏文为“བསེ་རུ།”，因野兽犀牛只生一只角，故“犀”表示数字一（1）。月：藏文为“ཟླ་བ།”，因月亮只有一个，故“月”表示数字一（1）。白光：藏文为“འོད་དཀར།”，月亮的异名也叫“白光”，故“白光”表示数字一（1）。玉兔：藏文为“རི་བོང་ཅན།”，据说，因在月中有一只兔影，故“玉兔”表示数字一（1）。

[2] 眼：藏文为“མིག”，因人、飞禽和走兽都有两只眼睛，故以“眼”表示数字二（2）。双：藏文为“ཟུང་།”，因构成一双，必须有二，故以“双”表示数字二（2）。运行：藏文为“བགྲོད་པ།”，指的是天文历算中的“二分”，即春分与秋分，故“运行”表示数字二（2）。方便智慧：藏文为“ཐབས་ཤེས།”，方便智慧，两两相辅，故“方便智慧”表示数字二（2）。交配（媾）：藏文为“འཁྲིག་པ།”，交媾须异性两方，故以“交媾”表示数字二（2）。结合：藏文为“སྦྱོར་བ།”，结合时须有异性二者，故以“结合”表示数字二（2）。阎罗：藏文为“གཤིན་རྗེ།”，据佛经，阎罗有阎罗王和阎罗母二位，故以“阎罗”表示数字二（2）。孪生：藏文为“མཚེ་མ།”，孪生孩子常为两个，故以“孪生”表示数字二（2）。

[3] 世间：藏文为“འཇིག་རྟེན།”，据佛经，世间有地下、地面和地上三部分，故以“世间”表示数字三（3）。热（辛辣）：藏文为“ཚ་བ།”，干姜、荜拨和胡椒合名称为三辛，故以“辛辣”表示数字三（3）。功德：藏文为“ཡོན་ཏན།”，功德分为微尘、黑暗和精力，故以“功德”表示数字三（3）。火：藏文为“མེ།”，据佛经宇宙观，瞻部洲南方有马面、太阳和焚烧三种火，故以“火”表示数字三（3）。有：藏文原文为“སྲིད་པ།”，译文中没有此异名。尖：藏文为“རྩེ་མོ།”，古代作兵器用的铁杖，常有三尖，故以“尖”表示数字三（3）。

注：[1] 至 [3] 由校订者吉毛卓玛补充。

四：海、渊、河、魔、明论、部、双双[1]。
五：欲乐、受用品、蕴、箭、行、根[2]。
六：味、时、味道、季节[3]。

[1] 海：藏文为“རྒྱ་མཚོ།”，据佛经宇宙观，须弥山顶太阳光照耀大海，呈现青、白、黄、赤四色，故以“海”表示数字四（4）。渊：藏文为“ཆུ་གཏེར།”，渊是“海”的异名，故以“渊”表示数字四（4）。河：藏文为“ཆུ་བོ།”，印度有恒河、缚刍河、悉多河和信度河等四大河，故以“河”表示数字四（4）。魔：藏文为“བདུད།”，据佛经，魔有天魔、死魔、烦恼魔和蕴魔四种，故以“魔”表示数字四（4）。明论：藏文为“རིག་བྱེད།”，据佛经，明论有耶柔、黎俱、阿达婆和娑摩等四部明论，故以“明论”表示数字四（4）。部：藏文为“སྡེ་བ།”，古印度佛教分为上部、论一切有、正量、大众等四大根本论，故以“部”表示数字四（4）。双双（重双）：藏文为“ཟུང་ལྡན།”，据天文历算，因运算法则有双重叠式，即二二如四，故以“重双”表示数字四（4）。

[2] 欲乐（妙欲）：藏文为“འདོད་ཡོན།”，妙欲包含色、声、香、味、触五种，故以“妙欲”表示数字五（5）。受用品（享用）：藏文为“ཉེར་སྤྱོད།”，享用有花、涂香、灯、香和食物等五种，故以“享用”表示数字五（5）。蕴：藏文为“ཕུང་པོ།”，据佛经，蕴有色、受、想、行和识五种，故以“蕴”表示数字五（5）。箭：藏文为“མདའ།”，据佛经，欲天的儿子极喜自在魔有五支箭，即狂、爱、迷、枯、死，故“箭”表示数字五（5）。行（原质、大种）：藏文为“འབྱུང་བ།”，据天文历算，大种有地、水、火、风和空五类，故以“大种”表示数字五（5）。根：藏文为“དབང་པོ།”，根包含眼、耳、鼻、舌、身五种，故以“根”表示数字五（5）。

[3] 味：藏文为“རོ།”，味有酸、甜、苦、辣、涩、咸等六种，故以“味”表示数字六（6）。时：藏文为“དུས།”，古印度一年分为春、春夏之交、夏、秋、早冬和晚冬六季，故以“时”表示数字六（6）。味道：藏文为“རོ་བ།”，“味道”是“味”的异名，故以“味道”表示数字六（6）。季节：藏文为“མཚམས།”，“季节”是“时”的异名，故以“季节”表示数字六（6）。

注：[1] 至 [3] 由校订者吉毛卓玛补充。

七：宝、持地、能仁、洲、仙人、山、曜、马[1]。

八：天神、龙、吉祥、蛇冠、蛇、腹行、财神、财、财物[2]。

---

［1］ 宝：藏文为“རིན་ཆེན།”，据佛经，轮王有金轮宝、神珍宝、玉女宝、主藏臣宝、白象宝、绀马宝和将军宝共七种珍宝，故以“宝”表示数字七（7）。持地：藏文为“ས་འཛིན།”，据佛教宇宙观，须弥山周围有持双山、持轴山、担木山、善见山、弥山、象鼻山和持边山，故以“持地”表示数字七（7）。能仁：藏文为“ཐུབ་པ།”，能仁有妙、观、顶髻、一切救、拘留孙、羯诺迦牟、迦什和释迦牟尼等七佛，故以“能仁”表示数字七（7）。仙人：藏文为“དྲང་སྲོང་།”，北斗星上居住具光、太阳、恒知、广光、制非天、具亚求罗、安住等七位仙人，故以“仙人”表示数字七（7）。山：藏文为“རི་བོ།”，山是持地的异名，故以“山”表示数字七（7）。曜：藏文为“གཟའ།”，曜包括日、月、火、水、木、金、土等七个轮值曜，故以“曜”表示数字七（7）。马：藏文为“རྟ།”，日神有风、意速、五色、明点、定诠、善憧、摧山等七马，故以“马”表示数字七（7）。

［2］ 天神：藏文为“ལྷ།”，神指有梵天、帝释天、遍入天、大自在天、欲自在天、毗那夜迦、宾格日地、六面童子等八位神，故以“天神”表示数字八（8）。龙：藏文为“ཀླུ།”，指八大龙王，分别为无量龙王、安心龙王、力行龙王、具种龙王、广财龙王、护螺龙王、莲花龙王和哑惹那龙王等，故以“龙”表示数字八（8）。吉祥：藏文为“བཀྲ་ཤིས།”，吉祥包括宝伞、宝瓶、莲花、右旋白螺、吉祥结、胜利幢和金轮等八种，故以“吉祥”表示数字八（8）。蛇冠：藏文为“གདེངས་ཅན།”，蛇冠是“龙”的异名，故以“蛇冠”表示数字八（8）。蛇：藏文为“སྦྲུལ།”，蛇为“龙”分为八种的总称，故以“蛇”表示数字八（8）。蝮行：藏文为“ལྟོ་འགྲོ།”，腹行是“蛇”的异名，故以“蝮行”表示数字八（8）。财神：藏文为“ནོར་ལྷ།”，据佛经，财神有水天、毗娑门、毗那耶迦、白色怙主、财宝天母、吉祥天母、持昏和财宝天等八位，故以“财神”表示数字八（8）。财（宝）：藏文为“ནོར།”，宝是财神的异名，故以“宝”表示数字八（8）。财物（财宝天）：藏文为“དབྱིག”，财宝天是财神的异名，故以“财宝天”表示数字八（8）。

注：［1］［2］由校订者吉毛卓玛补充。

九：罗刹、孔穴、库藏、脉[1]。

十：入、忿怒明王、声响、方位、圆满、力、手指[2]。

---

[1] 罗刹：藏文为“སྲིན་པོ།”，据佛经，九库各有一守罗刹，分别为遍杀、空行杀、赤颈者、晚间力、唤友、伤人、赤目、夜行和食肉欲血者等九位，故以“罗刹”表示数字九（9）。孔穴：藏文为“བུ་ག།”，据藏医，人体有九窍，分别为口、两耳、鼻、两眼、肚脐、肛门和尿道，故以“孔穴”表示数字九（9）。库藏：藏文为“གཏེར།”，据佛经，库分别有具莲、具螺、大莲、摩羯、有鳖、拂帚、具喜、青蓝、能持，故以“库”表示数字九（9）。脉：藏文为“རྩ།”，据藏医，人体有左、中、右三大脉管和六大脉轮，即顶上大乐轮、喉间受用轮、心间法轮、脐间变化轮、生殖器轮和天宝囟轮，总数为九，故以“脉”表示数字九（9）。

[2] 入（化身）：藏文为“འཇུག་པ།”，据佛经，化身有鱼、龟、野猪、人狮子、侏儒、非美、黑色、能喜衍玛那、广博衍玛那、佛格蒂子等十种变化，故以“入”表示数字十（10）。忿怒明王：藏文为“ཁྲོ་བོ།”，忿怒明王护行者共有十位，分别为兰色狱帝、无能胜、马头、甘露漩、欲帝、兰杖、大力、不动、顶髻转轮、金刚地下等，故以“忿怒明王”表示数字十（10）。声响：藏文为“སྒྲ་སྒྲོགས།”，声响有遍发、定发、极发等十种，故以“声响”表示数字十（10）。方位：藏文为“ཕྱོགས།”，方位有上、下、四方、四隅合而为十，故以“方位”表示数字十（10）。圆满：藏文为“འབྱོར་བ།”，据佛经，五个自圆满和五个他圆满，共为十，其中五个自圆满分别是生为人、生于中土、诸根全俱、未犯无间和敬信三藏。另外五个他圆满分别是值佛出世、值佛说法、佛法住世、信奉佛教和有缘修学，故以“圆满”表示数字十（10）。力：藏文为“སྟོབས།”，据佛经，佛有处无处智力、自业智力、种种胜角智力、种种界智力、根胜劣智偏趣行智力、静虑解脱等持等至智力、宿命随念智力、死生智力和漏尽智力，共为十种，故以“力”表示数字十（10）。手指：藏文为“སོར་མོ།”，手指足趾为数各十，故以“手指”表示数字十（10）。

注：[1][2] 由校订者吉毛卓玛补充。

十一：勇武、自在天、致安、安源王、能夺[1]。

十二：太阳、因缘、宫[2]。

十三：伞层、杂、无身、贪欲、致醉[3]。

---

[1] 勇武：藏文为“དྲག་པོ།”，据佛经，勇武是大自在天的异名，因大自在天共有十一个异名，故以“勇武”表示数字十一（11）。自在天：藏文为“དབང་ཕྱུག”，据佛经，自在天是大自在天的缩写名，共有十一个异名，分别为未生、增长、赞礼、勇武、精进、能夺、乐源、三目、胜他、具自在、第三域，故以“自在天”表示数字十一（11）。致安：藏文为“བདེ་བྱེད།”，据佛经，致安是自在天的异名，故以“致安”表示数字十一（11）。安源王（乐源）：藏文为“བདེ་འབྱུང་།”，据佛经，乐源是自在天的异名，故以“乐源”表示数字十一（11）。能夺：藏文为“འཇོམས་བྱེད།”，据佛经，能夺是自在天的异名，故以“能夺”表示数字十一（11）。

[2] 太阳：藏文为“ཉི་མ།”，据天文历算，太阳宫有帝释、作事者、知路者、降雨、赞礼、非青、昔圣、人形、遍入、具光、水主、善识等十二天神守宫，故以“太阳”表示数字十二（12）。因缘：藏文为“རྟེན་འབྲེལ།”，据佛经，因缘包括无明、行、识、名色、六处、触、受、爱、取、有、生、死等十二支，故以“因缘”表示数字十二（12）。宫：藏文为“ཁྱིམ།”，据天文历算，黄道上有白羊宫、双鱼宫、金牛宫、摩羯宫、双子宫、狮子宫、巨蟹宫、宝瓶宫、人马宫、室女宫、天蝎宫和天称宫等十二宫，故以“宫”表示数字十二（12）。

[3] 伞层：藏文为“གདུགས་རིམ།”，佛塔有伞层（宝盖）十三层，故以“伞层”表示数字十三（13）。杂：藏文为“སྣ་ཚོགས།”，据佛经，“杂”有欲天、时间、圆满等十三种，故以“杂”表示数字十三（13）。无身：藏文为“ལུས་མེད།”，“无身”是极喜自在天的异名，“无身”以魔法变化出迷醉女等天界妙女十三种，故以“无身”表示数字十三（13）。贪欲：藏文为“འདོད་པ།”，“贪欲”指天界十三妓女总称，即电光女、善芝女、白莲女、妙臂女、乐词女、沉醉女、梅娜噶妙女、奇色发女、妙饰女、模扎妙生女、阿拉布卡女、妙腿巴蕉女、善星女等十三位，故以“贪欲”表示数字十三（13）。致醉：藏文为“སྨྱོས་བྱེད།”，“致醉”是极喜自在天之异名，以魔法变化出迷醉女等十三位天界妓女，故以“致醉”表示数字十三（13）。

注：[1]至[3]由校订者吉毛卓玛补充。

十四：人类（人的类别）、摩那缚迦（初人）、心意、有（世间）、有处[1]。

十五：太阴日[2]。

十六：部分、王、人主[3]。

十八：缺点、缺陷、界[4]。

---

[1] 人类（人的类别）：藏文为“མ་ནུ།”，古印度把“人类”分为四种族，分别是刹帝种姓有步行、乘马、乘象、乘车四种；婆罗门种姓有林居、家居、苦行三种；吠舍种姓有文人、商人、医生三种；戍陀罗种姓有农民、牧民、泥工、俗人四种，总共十四种，故以“人类”表示数字十四（14）。初人：藏文为“ཤེད་བུ།”，“初人”是“人类”的异名，因“人类”在古印度被分为十四种，故以“初人”表示数字十四（14）。心意：藏文为“ཡིད།”，心意轮回分十四类，故以“心意”表示数字十四（14）。有（世间）：藏文为“སྲིད་པ།”，有（世间）包括欲色所分天界有，即天、龙、非天、非人、药叉、金翅鸟、寻香和大腹行；生处所分旁生有四，即胎生、卵生、湿生和化生，以及人趣和地狱，共有十四种，故以“有”表示数字十四（14）。有处：藏文为“སྲིད་པའི་གནས།”，“有处”是“有（世间）”的异名，故以“有处”表示数字十四（14）。

[2] 太阳日（时日）：藏文为“ཚེས།”，“时日”是太阴日和太阳日的总称，因每月上弦、下弦各约有十五个太阴日和十五个太阳日，故以“时日”表示数字十五（15）。

[3] 部分：藏文为藏文为“ཆ་ཤས།”。王：藏文为“རྒྱལ་པོ།”，古印度有摩羯陀等十六个小国，各有国王，故以“王”表示数字十六（16）。人主：藏文为“མི་བདག”，人主是王的异名，因“王”有十六个，故以“人主”表示数字十六（16）。

[4] 缺点：藏文为“སྐྱོན།”，人体上有丑陋、发秃、额狭等十八种缺点（缺陷），故以“缺点”表示数字十八（18）。缺陷：藏文为“ཉེས་པ།”，人体上有丑陋、发秃、额狭等十八种缺陷（缺点），故以“缺陷”表示数字十八（18）。界：藏文为“ཁམས།”，佛家所说的十八界，包括六识（即眼识、耳识、鼻识、舌识、身识和意识）、六根（即眼根、耳根、鼻根、舌根、身根和意根）、六尘（即色、声、香、味、触和法），共十八界，故以“界”表示数字十八（18）。

注：[1]至[4]由校订者吉毛卓玛补充。

廿四：胜者、境[1]。

廿五：自性[2]。

廿七：宿、周期[3]。

卅二：牙齿、重生[4]。

零：虚空、天空、圆点[5]。

〔**译解**〕 以上是藏文零到三十二的异名，藏族天文历算中，常用异名来表达数字。这些不同数的异名都有特殊的含义和象征意义，如自性、色、犀月、白光、玉兔均是一的别名，这些事物在现实中是独自存在的。零的异名：圆圈、天空。其中空是零的数词，天空，虚空，天为空虚，故代表数字零。同时又在异名的

---

[1] 胜者：藏文为“རྒྱལ་བ།”，据佛经，“胜者”指的是佛陀，古代印度有二十四位胜者（佛），故以“胜者”表示数字二十四（24）。境：藏文为“ཡུལ།”，据佛经，内外境域计有二十四处，故以“境”表示数字二十四（24）。

[2] 自性（本性）：藏文为“དེ་ཉིད།”，古印度外道数论派所说，“本性”包括眼、耳、鼻、舌、手、足、肛门、皮、阴处、语、意、声、触、色、味、香、空、地、水、火、风、自性、大、我慢、生灵等二十五种，故以“本性”表示数字二十五（25）。

[3] 宿（星宿）：藏文为“སྐར་མ།”，据天文历算，把周天均分为二十七等分，用二十七宿去命名，二七宿分别为昂、毕、觜、参、井、鬼、柳、星、张、翼、轸、角、亢、氐、房、心、尾、箕、斗、牛和女、虚、危、室、壁、奎、娄、胃等共有二十七，故以“星宿”表示数字二十七（27）。周期（周天）：藏文为“འཁོར་ལོ།”，据天文历算，周天均分为二十七，故以“周天”表示数字二十七（27）。

[4] 牙齿：藏文为“སོ།”，因人齿全数为三十二，故以“牙齿”表示数字三十二（32）。重生：藏文为“གཉིས་སྐྱེས།”，“重生”是牙齿的异名，故以“重生”表示数字三十二（32）。

[5] 虚空：藏文为“སྟོང་པ།”，虚空是数字“零”的异名，故以“虚空”表示数字零（0）。天空：藏文为“ནམ་མཁའ།”，因天空无碍，故以“天空”表示数字零（0）。圆点（圆圈）：藏文为“ཐིག་ལེ།”，表示数字的圆圈称为零，故以“圆圈”表示数字零（0）。

注：[1]至[5]由校订者吉毛卓玛补充。

上面或者下面加写数字，采用双重手段来表达。因为数字很容易写错印错，而异名则不易写错。但用异名表达复名数时，判位又不易准确，所以数字仍有必要，两者可以起互相校正的作用，这是藏文历算书的一项优良传统。但全部照译成汉文，反给读者增加困难，所以本书译文完全写出数字。以后不再另行交代。

零到三十二的异名归属于数词，并且是藏族天文历算中基本的数名词，这些丰富的数词名是藏族天文历算中不可缺少的主要部分，也在藏族天文历算发展过程中起过重要的作用。

在用异名表达时，先个位，后十位，再首位……例如403可写为火（3）空（0）海（4），而不是海空火。3299可写为孔（9）脉（9）齿（32）。149209可写为孔、空、眼、脉、意，反复出现时可简称为"孔等"。（参看9.52节）

对数字异名的结语：从一到三十二和零的数字异名，只有二十二个数有其异名。其中有的数字只有一个异名，而有的数字多达九个异名，但有的数字连一个异名都没有，它们分别是十七、十九、二十、二十一、二十二、二十三、二十六、二十八、二十九、三十和三十一等，共十一个数字。

## 1.05

〔**译文**〕1. 日，2. 月，3. 火，4. 水，5. 木，6. 金，0. 土为七个轮值曜，加罗睺、劫火、长尾则为十曜。

廿八宿[①]：0. 娄，1. 胃，2. 昴，3. 毕，4. 觜，5. 参，6. 井，7. 鬼，8. 柳，9. 星，10. 张，11. 翼，12. 轸，13. 角，14. 亢，15. 氐，16. 房，

17. 心，18. 尾，19. 箕，20. 斗，21. 牛，22. 虚，23. 危，24. 室，25. 壁，26. 奎。牛宿后加女宿则为廿八宿，其实这两宿共只占一宿的幅度，并不多占，所以我们这一派主张宿数为二十七[②]。

每一宿后面又跟着一些小星。小星共有两亿八千五百万(285,000,000)。

〔**译解**〕①廿八宿由于它们是处于诸曜运行轨道（当初是白道）上而著称。五曜是行星，廿八宿是恒星，因此藏文中的རྒྱུ་སྐར། 不能译为“行”星，汉文的行星更不能译为རྒྱུ་སྐར།，应译为རྒྱུ་གཟའ། 。

②廿七宿起于娄宿，代表数字是零而不是一。

## 1.06

〔**译文**〕十曜运行途中的宫舍是:0. 羊，1. 牛，2. 双子，3. 巨蟹，4. 狮子，5. 室女，6. 天秤，7. 蝎子，8. 弓（人马），9. 水兽（摩羯），10. 瓶，11. 鱼。

〔**译解**〕十二宫命名的意义，参看《藏传时轮历原理研究》第十节。

〔**译文**〕廿七宿每一宿所占的空间均分为六十分，每一分叫作一“弧刻”。这六十分又分为四份，每份十五弧刻，名为一“宿步”。每九个“宿步”为一宫。娄宿（四步）、胃宿（四步）和昴宿的一步共九步，相应于白羊宫；昴宿的三步、毕宿（四步）和觜宿的一半（两步）称作金牛宫；觜宿的另一半、参宿和井宿的三步相应于双子宫；井宿的一步、鬼宿和柳宿的全部叫作巨蟹宫。

星宿、张宿和翼宿的一步叫作狮子宫；翼宿的四分之三，轸宿和角宿的一半合为室女宫；角宿的另一半、亢宿和氐宿的三步是天秤宫；氐宿的一步和房、心两宿的全部为天蝎宫；尾宿、箕宿和斗宿的一步为人马宫；斗宿的三步、牛宿和虚宿的一半为摩羯宫；虚宿的另一半、危宿、室宿三步为宝瓶宫；室宿的四分之一、壁宿和奎宿的全部为双鱼宫。

〔**译解**〕“弧刻”是时轮历中度量角度的一个基本单位，在藏文里它与“漏刻”是同形异义的两个概念。由于同形，很容易混淆。在译文里我们尽量把它们区别开，表示时间者译为“漏刻”，表示弧长者译为“弧刻”。周天 27 宿，每宿 60 弧刻，共 1620 弧刻(周天 360 度中的 $1° = 4.5$ 弧刻)。在本书的算式中我们用 q 表示。由于它与度是同类的概念，为了通俗起见，我们曾经把它译为度，同时说明其长度的差别，但实际上容易引起混乱，所以不再这样译。“弧刻”一词是新创的译法，比较准确。

## 1.07

〔**译文**〕 廿七个“会合”是:0. 天除,1. 亲合,2. 长寿,3. 善根，4. 善良，5. 隆肿，6. 善业，7. 执持，8. 苦楚，9. 肿胀，10. 增长，11. 决定，12. 遍摧，13. 喜悦，14. 金刚，15. 悉地，16. 深堕，17. 盖世，18. 全摧，19. 寂静，20. 成就，21. 所修，22. 妙善，23. 太白，24. 梵净，25. 帝释，26 仇恨。

〔**译解**〕 时轮历中各种名数在计算中各有一个代表的数值，其中有一些是从零开始，而不是从一开始，需要注意。

## 1.08

〔译文〕 十一个“作用”的名称是：（每日分为前、后两半）从上半月初一日的后分起算，至二十九日前分，其间，由 1. 枝稍，2. 孺童，3. 贵种，4. 捣麻，5. 家生，6. 商贾，7. 毗支，这七个轮流；廿九日的后分为吉祥，三十日前分为四足，后分为“龙”，初一前分为不净。这四个不轮流，是固定的。

十二缘起是：无明、行、识、名色、处、触、受、爱、取、有、生、老死。

〔译解〕 十一作用的算法参看 3.14 节。十二缘起原是佛教哲学中的术语，无明月为太阳在摩羯宫之月，行月是宝瓶月，余类推。

## 1.09

〔译文〕 太阳运行十二宫一周所用的时间，也就是四季整整一个循环，叫作一年。纪年以“胜生年”为首，这是《胜乐经首品释》依照《吠陀书》而说的。汉族则以十二年周期与所属的木、火、土、金、水等五行再各分阴、阳，互相组合而成六十年的周期。《初品释》所说的胜生年，与汉历的丁卯年同义异名，其他顺推。

〔译解〕 十二宫为一恒星年，四季为一回归年，这里未加区别。

时轮历六十年的名称、次序及其与五行、十二生肖和天干地支的对应关系如表 1–1。

**表 1-1　时轮历六十年周期表**

| | 兔 | 龙 | 蛇 | 马 | 羊 | 猴 | 鸡 | 狗 | 猪 | 鼠 | 牛 | 虎 |
|---|---|---|---|---|---|---|---|---|---|---|---|---|
| 阴火 | 1 丁卯 胜生 | | 51 丁巳 金黄 | | 41 丁未 狝猴 | | 31 丁酉 金沿 | | 21 丁亥 普化 | | 11 丁丑 大自在 | |
| 阳土 | | 2 戊辰 妙生 | | 52 戊午 信使 | | 42 戊申 木曜 | | 32 戊戌 悬垂 | | 22 戊子 遍持 | | 12 戊寅 多粒 |
| 阴土 | 13 己卯 沉迷 | | 3 己巳 太白 | | 53 己未 义成 | | 43 己酉 温文 | | 33 己亥 致变 | | 23 己丑 违越 | |
| 阳铁 | | 14 庚辰 奋威 | | 4 庚午 沉醉 | | 54 庚申 猛厉 | | 44 庚戌 共通 | | 34 庚子 具备 | | 24 庚寅 仪态 |
| 阴铁 | 25 辛卯 行健 | | 15 辛巳 超群 | | 5 辛未 生主 | | 55 辛酉 恶意 | | 45 辛亥 致违 | | 35 辛丑 超升 | |
| 阳水 | | 26 壬辰 欣悦 | | 16 壬午 众杂 | | 6 壬申 数苑 | | 56 壬戌 巨鼓 | | 46 壬子 纲维 | | 36 壬寅 致善 |
| 阴水 | 37 癸卯 致美 | | 27 癸巳 尊胜 | | 17 癸未 太阳 | | 7 癸酉 瑞颜 | | 57 癸亥 呕血 | | 47 癸丑 无忌 | |
| 阳木 | | 38 甲辰 忿怒母 | | 28 甲午 胜利 | | 18 甲申 救日 | | 8 甲戌 实有 | | 58 甲子 荧惑 | | 48 甲寅 庆喜 |
| 阴木 | 49 乙卯 罗刹 | | 39 乙巳 多宝 | | 29 乙未 致醉 | | 19 乙酉 护国 | | 9 乙亥 华年 | | 59 乙丑 忿怒明王 | |
| 阳火 | | 50 丙辰 炎火 | | 40 丙午 威摄 | | 30 丙申 丑颜 | | 20 丙戌 不尽 | | 10 丙子 能持 | | 60 丙寅 终尽 |

## 1.10

〔**译文**〕 月亮的白分盈缩各作为十五分（每一分为一个太阴日），满三十个太阴日为一个月。

一年的十二个月里，以哪个月为年首，异说甚多，且各有其所根据的教证和理证。我们这一派以时轮佛在妙德聚谷大塔说法之月，即上弦居前的角宿月为年首，这是因为胜生年角宿月上半月初一日拂晓时，除劫火一曜外，其他九曜的平行度都在白羊宫首，数值都是零，又因为这时世界上月轮初生，第一个白分开始增长。

〔**译解**〕 关于年首和月首的不同说法，上弦居前或下弦居前的意义，参看《藏传时轮历原理研究》第二节（5）。

## 1.11

〔**译文**〕 综说各项周期和进位率：

曜和作用的周期是七；

宿和会合的周期是二十七；

刻与分的周期是六十；

息的周期是六；

息以下子位的周期（进位率）不定。凡满周期时就进位，最上一位用周期除后的商数大都弃去不用（只用商余）。

〔**译解**〕“最上一位”指宿位和曜位。息位以下的进位率有707、67、13、……依最小公倍数而定。目的是用较小的分母表示较大的精确度。

## 1.12

〔**译文**〕 加法有十种异名，减法有十种异名，乘法有五种异名，除法有四种异名……

〔**译者按**〕 藏文里的这些异名译成汉文无意义，从略。

## 1.13

〔**译文**〕

前贤嘉言，如意宝树。
衍生算学，繁华簇垒。
我以简词，作为贯索。
串付后学，俾生欢喜。

妙德本初佛祖经中，外时轮品历法数值推算要诀——众种法王精要之第一章，基础知识终。

# 第二章　佛法年代算法

## 2.01

〔译文〕 佛法（住世）年代的计算方法有显宗和密宗两种算法，其中各自又有多种不同的说法。这里根据《贤劫经》、《广大游戏经》和《时轮经》，撮其要点略述之。

〔译解〕“佛法年代”主要指佛教存在年数的预言和佛教史上重要的年代。

〔译文〕 娑婆世界之主，具足大悲，无比本师，于义成年，即己卯年，箕宿月白分十五日夜半鬼宿时乘象入胎。2788。

〔译解〕 2788 这个年数，是下距本书历元（公元 1827 年）的年数。化成公元纪年的方法是：公元前者用该数先加 1、再减 1827。如佛诞 2787+1−1827=961（B.C.），公元后者从 1827 中减去该数，如：2.09 节第一个丁卯 1827–800=1027（A.D.）

## 2.02

〔**译文**〕九个月零二十三天后，于猛厉年即庚申年氐宿月白分初七夜间诞生，瑞象稀有。2787。

七日后生母逝世。二十九岁戊子年弃王位出家苦行六年。

三十五岁甲午年氐宿月望日，黎明初现时证得无上菩提甘露。2753。

这个“望”，按太阳日计算的曜位为一，漏刻三十八。太阴日结束时月亮的位置在第十六宿，弧刻为零。罗睺头在第十六宿，弧刻为二十九。《毗奈耶》等经中关于此时罗睺食月的记载与此正相符合。

〔**译解**〕这个甲午年氐宿月，相当于公元前 927 年儒略历 4 月 16 日。38 漏刻相当于 812 分钟，即 15 小时 12 分。时轮历以天明为起算点，这个 15 时 12 分，大致相当于上半夜的 21 时许。

经查中国科学院紫金山天文台台刊 1983 年号刘宝琳《公元前 1000 年至公元 3000 年月食典》，公元前 927 年儒略历 4 月 16 日确有一次月全食，食分为 1.485，食甚时刻为历书时 $2^h43^m$，折合世界时为 $20^h45^m$，释迦成道的地点在印度的菩提伽耶，约东经 85°，其地方时为 $2^h25^m$。又经推算，这一天月亮的位置约在 197°，在 195° 至 225° 之间，所以虽在氐宿头之前约 3°，仍应算在氐宿月之内。因此，时轮历浦派所推得的这次月全食，大体上是正确的，不过食甚时刻早了 5 个小时。

## 2.03

〔译文〕此后四十六年中大转法轮。多俱胝劫中，并此名称亦难得闻。

八十一岁，奋威年即庚辰年，2707，角宿月既望，在南天竺妙德聚谷幻化大塔，下有法界敕语灌顶，上有妙德诸宿坛场极大安乐处，金刚界大曼荼罗中，世尊释迦我佛，御金刚狮子座，入时轮定，为以月贤法王为首之九十六郡王等有缘天、人会众，说（时轮）根本经一万二千颂等续部密咒，了无遗留，以作临逝遗教。2707。

同年氐宿月白分十五日夜，色身如满月西沉法界山巅，忧伤笼罩大地。

〔译解〕俱胝即千万，见本书1.03节。颂：每四句，或三十二个音节为一颂。

## 2.04

〔译文〕佛曾预言，佛教在世间存在的期限为五千年，系从佛涅槃算起。五百年为一章，在十个五百年里，第一个五百年名为“证阿罗汉果”章。第二个五百年名“证不还果”章。第三个五百年名“证预流果”章，是为三通达妙智章（亦名三证果章）。其后的三个五百年，依次为：般若章、禅定章、戒律章。是为了表示在这个阶段修此“三学”者多，故称为三修学章。再后的三个五百年，称为三教典章，表示开示对法论、契经、戒律者较多。第十个五百年，即最后一个五百年，出家人全无真正的见、行，只有象征性的形式，称为唯相章。

## 2.05

〔**译文**〕 那么，从世尊诞生到现在第十四胜生周的丁亥年以前，总共经过了多少年呢？答：二千七百八十七年，成佛后二千七百五十三年，涅槃后已过二千七百零七年。罗汉、不还、预流、般若、禅定等章都已结束，戒律章已过去二百零七年。从现在的这个丁亥年起计算，再过二千二百九十三年之后佛教的存在就将结束了。以上是显宗的说法。

## 2.06

〔**译文**〕 密宗的时轮系，其内部也有不同的说法，暂依三位"海"大师（参看本书开头礼赞的第十二偈）的讲法。教法住世的年代是：

世尊八十一岁，庚辰年角宿月望，说时轮根本经。2707（881B.C.）。

辛巳年月贤法王摄根本经撰疏。2706。

壬午年向有缘者宣讲。2075。

癸未年在玛拉雅乐园津梁大殿中，以具缘持明仙人为首，修建时轮立体坛城，月贤卒。2074（878B.C.）。

甲申年其子天自在法王登位。2703。在位满百年。

甲子年2603起，其子威仪法王在位百年；其后，甲辰年 2503，月施登位；

甲申年 2403，天大自在登位；

甲子年 2303，驳色登位；

甲辰年 2203，天具自在登位。以上在位各百年。为宏扬根本经之期。其后，

甲申年 2103，如佛所授记，妙吉祥称登位满百年。

## 2.07

〔**译文**〕 甲子年 2003（177B.C.），角宿月望日在玛拉雅宫时轮立体坛城上，将日车仙人等不同法姓之梵净仙人作为同一法姓（法种）兄弟传授灌顶，因而得到“众种法王”之称。并如佛所授记，作《时轮摄略经》后逝入圆满报身。

即此甲子年 2003。白莲法王登位，如佛授记，作《摄略经（无垢光）大疏》，在位满百年。

甲辰年 1903，妙善；甲申年 1803（24A.D.），尊胜；

甲子年 1703，善友；甲辰年 1603，宝掌；

甲申年 1503，密遍入天；甲子年 1403，日称；

甲辰年 1303，极善，等八法王各一百年，宣讲摄略经及大疏。

## 2.08

〔**译文**〕 其后甲申年 1203（624A.D.）蜜慧在麦加创拉罗异教，同年海胜法王登位，在位一百八十二年。

丙戌年 1021（公元 806 年）难胜法王登基，创他自己那一派——作用派的历元。据说难胜王在位二百二十一年，其最后一年为丙寅年（公元 1026 年）。由此可见，从拉罗入侵，即海胜登位之年到这一个丙寅年之间，就是经中说为“火—空—海”的那四百零三年。这样计算的必要是为了使人知道经中所说的拉罗住世一千八百年里，现在已到哪一年，尤其是为了知道这两位众种法王年数的特点。

## 2.09

〔**译文**〕其后的胜生年即丁卯年 800，就是经中所说的第一个胜生年。这一年，太阳法王即位，密续之王时轮经莅临蕃土。太阳王满百年后，第二胜生周的丁未年 700，驳色王即位，在位百年。第四胜生周的丁亥年 600，月光王即位。第六胜生周的丁卯年 500，无边王登位。这个胜生周的第三十年丁酉 470（1357 A.D.），在脱思麻的宗喀地方，一切智者与修证士之首、众生依怙、善慧名称（宗咯巴大师）诞生。第七胜生周丁未年 400，护国王；第九胜生周丁亥年 300，祥护王；第十一胜生周丁卯年 200，狮子王；其后第十二胜生周丁未年 100，威伏王登位。这些都在位一百年整。

到第十四胜生周的这个丁亥年以前，在胜境格拉夏，七法王和十九位众种法王弘传佛法。他们的年数，已在上文中写在他们各自的名字的顶上。（译注：铅印本为排字方便，改为夹在行中）读者一看便知。

〔译解〕 关于“胜生周”的意义见 3.01 节译解。

以上从本书历元（公元 1827 年）向前逆数，以下向后顺数。

## 2.10

〔译文〕 这个丁亥年巨力王登位，再过百年，第十六周的丁卯年 100，不灭王；第十七周丁未年 200，人中狮子王；第十九周丁亥年 300，大自在王；第廿一周丁卯 400，众种大法王无限尊胜等各传圣法一百年。

其后第廿二胜生周丁未年 500，众种尊王神武轮王登香巴拉国王狮子宝座，传法九十六年，在香巴拉境九十七年，至癸未年率十二大神军旅，及雄猛大军到达“希达”之南方，从圣域开始，依次右旋，逐个战败拉罗军所驻的十二块地方，后四时的圆满时开始。这位战胜拉罗的转轮王，在他本身的一百年完了时，在格拉夏嘱命（其二子）梵净王和天自在王，在十二个地区弘法一千年，他就去世了。其后饮光[1]等八王在香巴拉弘法各一百年，其后如来正法[2]就完结了。

## 2.11

〔译文〕 从佛祖圆寂到神武轮王九十八岁之间，共三千三百零四年，这是前四时的长度。每一时八百二十六年，称为一“法足”，

[1] 饮光：原文中“འོད་སྲུངས”的意译。

[2] 如来正法：原文中“བདེ་གཤེགས་བསྟན་པ”的意译。

其名称依次为：圆满时，三分时，二分时，斗诤时。现在的这个丁亥[1]年以前，前四时教法中，圆满时，三分时，二分时，都已结束，斗诤时已过去二百二十九年，再过五百九十七年，前四时的斗诤时也将结束。

## 2.12

〔**译文**〕 拉罗教法和神武轮王的教法住世同为一千八百年。从拉罗入侵到现在这个丁亥年之间，拉罗教法的已过年数有一千二百零三年，再过五百九十七年，拉罗教法住世的年代就将结束，这与神武轮王的教法的圆满时的开始是同时的。神武轮王的教法这一段一千八百年也分为四段，每段各四百五十年，这就是后四时的每一“法足”的年数。其名称和前四时一样，也是圆满时，三分时，二分时，斗诤时。其他十一块地上同样也住世各一千八百年，总共二万一千六百年。这与经中所说的“神武轮王的教法（住世的时间）在色究竟天只是一天的时间”，正相符合。

〔**译解**〕 经中说人一天呼吸二万一千六百次（叫作“息”），而人间的一年只相当于色究竟天呼吸一次。

〔**译文**〕 佛教前弘期三千三百零四年，加众种神武王护法的后弘期一千八百年，共五千一百零四年。这个佛法住世时间的长度，比其他派别所说的五千年多一百零四年。这是这部经的特点。这是浦派学者们讲的。

---

[1] 丁亥：原文“མེ་ཕག”为藏族传统历法中的纪年法，此处译为“丁亥”，是中国古代传统历法的纪年法。

〔**译解**〕 本章所述主要事项的年代折合公元如表 2–1：

**表 2–1　佛法重要事迹年表**

| 事　　项 | 干支 | 距本书历元 | 公元前 |
|---|---|---|---|
| 释迦牟尼入胎 | 己未 | 2788 | —962 |
| 诞生 | 庚申 | 2787 | —961 |
| 廿九岁出家 | 戊子 | | —932 |
| 卅五岁成正觉 | 甲午 | 2753 | —927 |
| 七十七岁 | 戊寅 | | —885 |
| 八十一岁说时轮经 | 庚辰角宿月 | 2707 | —881 |
| 圆寂 | 庚辰氐宿月 | | |
| 月贤法王集根本经造疏 | 辛巳 | 2706 | —880 |
| 月贤法王逝世 | 癸未 | 2704 | —878 |
| 妙吉祥称集摄略经，得尊号众种法王 | 甲申 | 2103 | —277 |
| 白莲法王造无垢光大疏 | 甲子 | 2003 | —177 |

| 事　　项 | 胜生周次 | 干支 | 距本书历元 | 公元后 |
|---|---|---|---|---|
| 拉罗异教创立、海胜法王登位 | | 甲申 | 1203 | 624 |
| 难胜法王创作用派历年 | | 丙戌 | 1021 | 806 |
| 著明的“火空海”年终结 | | 丙寅 | 801 | 1026 |
| 时轮经传入吐蕃，第一个胜生周开始 | 一 | 丁卯 | 800 | 1027 |
| 宗喀巴诞生 | 六 | 丁酉 | 470 | 1357 |
| 本书历年 | 十四 | 丁亥 | 0 | 1827 |

## 2.13

〔**译文**〕 经中说：将来每个胜生周开始时都应更换历元的各项“算余”（应数）。依照这个教导，现在第十四个六十年里已过去了二十年，这一年的名称，梵语为萨尔瓦柢多，《胜乐经首品释》

藏文译本中称为“普化”。摩诃支那黄金大国称为“丁亥”，五行算中按干支命名为阳火猪年，命、身、禄、福所属的五行依次为水、土、火、火。在九宫则行至末一轮的二黑，魔镜居于中宫。具足三行，“卡惹”月禄，如是年君伊始，大密持明所居之城，修士证胜境，妙德苦婆罗（香巴拉）国幻化众种巨力王，于五爪金龙簇拥之法座上，举行“艾旺”新立大庆之际，诚心祝愿，敬谨更换历元的准确“算余”云。

〔**译解**〕 算余，汉文古代历书中叫作“应数”，新历元开始时各项数值并不都正在零点上，这是当时已有的各项数值。

“卡惹”系来自汉族星命术，其原文尚未查到。

年君系有年为君、月为臣、日为兵、时为械的叫法，故称年君。

妙德本初佛祖经中，外时轮品，历法数值推算要诀——众种法王精要之第二章，佛法年代算法终。

## 附：第十七胜生年算余（恒加数）表

在实际运算的某些步骤中，都有一项“算余”，即恒加数。因为在历元（计算的起点）时，某一天体或某一种时间的位置不一定正在零点，往往是已经有了一个数值，在计算中必须要加上去。这项数值是随历元而变的。时轮历的习惯每到丁卯年都要更换一次历元，不是丁卯年，而编历书者认为合适的年份，也可以更换历元。例如本书的历元就是丁亥。现将本书历元的各项恒加数与第十六个丁卯年（公元 1927 年）、第十七个丁卯年（公元 1987 年）的各项恒加数集中列表，先行交待一下，供读者选择使用。

**表 2–2 本书历元的各项恒加数系表**

| 本书章节 | 项目 | | 第十四丁亥年（公元 1827 年） | 第十六丁卯年（公元 1927 年） | 第十七丁卯年（公元 1987 年） |
|---|---|---|---|---|---|
| 3.01 | 闰余 | | 60 | 55 | 0 |
| 3.02 | 曜基数 | | 3,37$^{q}$43′ 2″ 140‴ | 6,57$^{q}$,53′ 2″ 220‴ | 3,11$^{q}$,27′ 2″ 332‴ |
| 3.03 | 整数 | | 22 | 13 | 21 |
| | 零数 | | 0 | 103 | 90 |
| 3.04 | 太阳基数 | | 24,59,6,1,41 | 25,9,10,4,32 | 0 |
| 4.01 | 闰余 | | 64 | 59 | 4 |
| 4.02 | 曜基数 | | 3,21,20 | 6,39,10 | 2,51,20 |
| 4.03 | 整数 | | 8 | 13 | 21 |
| | 零数 | | 28 | 117 | 104 |
| 4.04 | 太阳基数 | | 25,42,12,1,11 | 25,57,29,1,5 | 0,51,26,0,12 |
| 5.01 | 罗睺 | | 100 | 187 | 10 |
| 6.01 | 五曜公积日 | | 23,539 | 2,178 | 51,551 |
| 6.02 | 验日 | | 3 | 6 | 3 |
| 6.03 | 殊日 | 火 | 39 | 137 | 115 |
| | | 木 | 2091 | 3964 | 4246 |
| | | 土 | 2055 | 6286 | 6696 |
| | | 水 | 24.94 | 46.39 | 83.86 |
| | | 金 | 127.2 | 30.1 | 176.2 |

**续表**

| 本书章节 | 项　目 | | 第十四丁亥年（公元1827年） | 第十六丁卯年（公元1927年） | 第十七丁卯年（公元1987年） |
|---|---|---|---|---|---|
| 6.06 | 武步文迟 | | +6220155 | −458672 | +14872 |
| 6.07 | 太阳基数 | | 25,0,45,0,62370 | 25,9,20,0,97440 | 0,3,35,1,112301 |
| 6.22 | 按宫日推算 | 火 | 2,35,22,0,144,348 | 7,9,3,2,4174,6026 | 4,29,16,1,147,2080 |
| | | 水 | 15,54,25,3,4790,3299 | 21,53,47,3,6091,6364 | 25,29,24,4,8631,8203 |
| | | 木 | 13,12,0,2,602,174 | 24,51,42,4,605,3013 | 26,27,32,1,174,1040 |
| | | 金 | 18,30,54,4,448,3480 | 6,36,54,1,681,5114 | 21,4,30,0,322,2418 |
| | | 土 | 5,13,16,0,5250,522 | 15,49,37,5,3610,9039 | 16,47,27,0,474,3120 |
| 6.31 | 按太阴日推算 | 火 | 1,31,5,2,53,553 | 6,10,8,0,168,180 | 4,29,16,1,147,160 |
| | | 水 | 7,32,26,3,771,462 | 14,13,38,2,6806,268 | 25,29,24,4,8631,631 |
| | | 木 | 13,1,48,5,44,1260 | 24,42,22,0,636,40 | 26,27,32,1,174,80 |
| | | 金 | 15,14,23,0,695,581 | 3,36,45,2,34,386 | 21,4,30,0,222,186 |
| | | 土 | 5,9,10,0,1832,476 | 15,45,52,2,478,270 | 16,47,27,0,474,240 |
| 7.03 | 长尾积月 | | 52 | 14 | 7 |
| 10.01 | 祛疵转年 | | 5,15,9,5,127,12,386 | 6,19,2,1,8,10,611 | 5,33,21,3,64,2,39 |
| 10.02 | 作用派值年曜 | | 2,40,35,5,245 | 2,32,38,5,299 | 1,3,52,4,268 |
| | 祛疵作用派转年 | | | 6,17,38,5,299 | 4,48,52,4,268 |
| 10.05 | 王臣 | | 3,6 | 2,5 | 0,3 |

**续表**

| 本书章节 | 项目 | 第十四丁亥年（公元 1827 年） | 第十六丁卯年（公元 1927 年） | 第十七丁卯年（公元 1987 年） |
| --- | --- | --- | --- | --- |
| 10.06 | 甜头算积年 | 1749 | 1849 | 1909 |
| 10.15 | 两至表积年 | 36 | 6 | 0 |
| 10.18 | 黄金算积月 | 3 | 63 | 3 |
| | 总积日 | 57,509 | 6,118 | 55,491 |
| 10.19 | 七曜 | 2 | 3 | 0 |
| | 地支 | 4 | 11 | 5 |
| | 天干 | 2 | 1 | 3 |
| | 九宫 | 4 | 8 | 8 |
| | 八卦 | 0 | 3 | 1 |
| 11.16 | 罗睺表积月 | 101 | 188 | 11 |
| 11.66 | 作用派值年 | 78 | 178 | 238 |
| 11.68 | 君臣表积年 | 2 | 4 | 1 |
| 11.70 | 罗睺表积月 | 100 | 187 | 10 |

# 第三章　五要素（体系派）

## 3.01

〔**译文**〕 现在依据时轮根本经讲体系派的五项要素。

从第十四胜生周[①]的第二十一年丁亥起，计算已经过去的年数[②]，乘以十二，加上从（当年的）角宿月[③]起已过月数[④]。（把这个数值）写（上下）两遍[⑤]。下位乘以二，恒加六十[⑥]，除以六十五[⑦]，以其商数加于上位，得朔望月的积月[⑧]。上位加一，下位（的余数）加二，即得下一月的积月（和闰余）。

在实际运算中，除以六十五之后所得的余数（是检验闰月的标准），如果出现为零，表示闰月出现于（闰周的）终端，如果出现为一则表示闰月出现于（闰周的）中间。在这种情况下，上位（积月）应减一[⑨]。下位（的闰余）又是推算中气、节气、二至等季节标志的基本数据⑩。

〔**译解**〕①胜生是藏语“饶迥”的汉语直译,是丁卯年的异名。时轮历也以六十年为一周期，不过不用干支配合而是每年各有一个名称，不是从甲子年开始而是从相当于丁卯年的胜生年开始，所以不能译为六十甲子，而应译为“胜生周”，或丁卯周。第一个胜生周开始于公元 1027 年丁卯。

②已过年数是从本书的历元（公元 1827 丁亥角宿月朔日）起到所求年之间的年数，简称“积年”，或“入历年数”。

③角宿月，是月圆时月亮在天空的恒星背景上位于角宿前后的月份，即黄经 165° 至 195° 之间。这里是粗略地作为相当于霍尔历三月。

④简称入年月数。

⑤藏历习惯把同一度量系统中大小不同单位的数字不是由左向右而是由上而下地分开写，它们的共同乘数则相应地重复写几遍,这种写法唐译印度《九执历》中译为“重张位”“重张五位”等。

⑥《九执历》中叫恒加数，时宪历中叫“应”，是该历元时已有的数值。凡更换历元时，这项数值都要更换。

⑦时轮历六十五年二十四闰。即 65 月 2 闰,每个平月积闰分 2。

⑧“积月”依原文直译应作“定月”，但与下文的“定日”并非同类的概念，而与“积年”属于同类概念，故译为“积月”。是加上闰月之后准确的朔望月数。

⑨当闰余为零或一时，表示闰月应设在该月之后，故这时上位加下位商数之后应减去一。

⑩第十章第七节 10.07 有无中气置闰法,及用闰余直接查表法。

第十章第十八节另有一推积月法及推总积日法。

〔**例一**〕 第十六胜生周土马年角宿月十五日

农历　　戊午年三月十五日

公元　　1978 年四月廿一日

1978−1827=151　　积年

3−3=0　　入年月数

上位（151 × 12+0）+ 下位商数 56=1868　　积月

下位［（151 × 12+0）× 2+60］÷ 65=56……44　　闰余

〔**例二**〕 第十六胜生周土羊年牛宿月十五日

农历　　己未年七月十五日

公元　　1979 年九月六日

1979−1827=152　　积年

7−3=4　　入年月数

152 × 12+4+57=1885　　积月

［（152 × 12+4）× 2+60］÷ 65=57……11　　闰余

〔**例三**〕 第十六胜生周土羊年鬼宿月三十日

农历　　己未年十二月三十日

公元　　1980 年二月十六日（藏历在上年内）

1979−1827=152　　积年

12−3=9　　入年已过月

152 × 12+9+57=1890　　积月

［（152 × 12+9）× 2+60］÷ 65=57……21　　闰余

## 3.02 求曜基数[①]

〔译文〕置积月，重张五位，自下而上：曜位乘以1[②]，漏刻[③]位乘以31，分位乘以50，息位乘0，子位乘480。再自上而下，分别加以$3^z$，$37^q$，43′，2″，140″′，再从最下位起逐层按707，6，60，60，7进位，所得余数叫作“曜基数”。

〔译解〕①朔日的曜基数是所求月的平朔时刻和平朔日的周日。为所求月之前一月的三十日的值日曜（星期序数）和该太阴日结束时刻。$3^z37^q$43′ 2″ 140″′为历元之平朔时刻。此数与积月乘朔望月值相加后，以7除之，其商余即是星期之序数和该月的平朔时刻。三十日之太阴日结束时刻，即为平朔时刻。

②1曜31漏刻50分0息$\frac{480}{707}$，加上四周的天数28，是朔望月的长度，即为29.53087太阳日。曜位的周期是7，29÷7=4余1，舍去商数，取商余1。在算式中z代表曜。周序日名为：1. 日曜，2. 月曜，3. 火曜，4. 水曜，5. 木曜，6. 金曜，0. 土曜。与现在通行的星期日日曜、星期一月曜的排列顺序不同。

③漏刻，直译为“水量”，由滴漏计时而来。其时间长度为现代钟表的24分，接近于15分钟的刻，而与60分钟的小时相差较大，所以译为“漏刻”。在计量弧长时，也借用这个名词，把一宿的六十分之一叫作“刻”，本译解中为了与时间单位相区别，译为“弧刻”。在没有混淆的情况下，都简称为刻。凡第一位是曜数的，第二位必是漏刻；第一位是宿数的，第二位必是弧刻。当第一位是零而不写出单位时，第二位是漏刻还是弧刻，需根据

具体情况做出判断。在算式中都用 q 表示。

〔**例一**〕 由 3.01 已知积月

（1868 × 1+3+991）÷ 7=408……6

（1868 × 31+37+1560）÷ 60=991……45

（1868 × 50+43+211）÷ 60=1560……54

（1868 × 0+2+1268）÷ 6=211……4

（1868 × 480+140）÷ 707=1268……304

得曜基数为 $6^{z}45^{q}54'\ 4''\ 304'''$

〔**例二**〕 $1885 \times（1^{z}31^{q}50'\ 0''\ 480'''）+（3^{z}37^{q}43'\ 2''\ 140'''）$

$=44^{z}47^{q}6'\ 3''\ 687'''$

〔**例三**〕 $1890 \times（1^{z}31^{q}50'\ 0''\ 480'''）+（3^{z}37^{q}43'\ 2''\ 140'''）$

$=5^{z}26^{q}17'\ 259'''$

## 3.03　求“整数”和“零数”

〔**译文**〕 置积月，写成上、下两位，上位乘以 2，下位乘 1，然后上位恒加 22，下位恒加 0，下位除以 126，所得商数加于上位后除以 28，即得“整数”和“零数”。

〔**译解**〕 上位的商余叫作“整数”，下位的商余叫作“零数”。这里的“整数”是个术语，指月亮在所求月平朔距远地点的整日数，零数为日下之余分。这个公式意味着近点月的长度为

$30-2\frac{1}{126}=27\frac{125}{126}$太阴日 =27.5541 太阳日。

此处的恒加数，为历元平朔距月亮近地点的日分。

〔例一〕 由 3.01 已知积月

$(1868\times 2+22+14)\div 28=134\cdots\cdots 20$ （整数）

$(1868\times 1+0)\div 126=14\cdots\cdots 104$ （零数）

〔例二〕 $(1885\times 2+22+14)\div 28=135\cdots\cdots 26$ 整数

$(1885\times 1+0)\div 126=14\cdots\cdots 121$ 零数

〔例三〕 $(1890\times 2+22+15)\div 28=136\cdots\cdots 9$ 整数

$(1890\times 1+0)\div 126=15\cdots\cdots 0$ 零数

## 3.04 求太阳基数①

〔译文〕 置积月重张五位，（最上一位是）宿位，乘以 2，（第二位）弧刻乘以 10，分位乘以 58，息位乘 1，（第五位）子位乘以 17②。再自上而下分别恒加 24，59，6，1，41。然后自下而上分别除以 67，6，60，60，27③，其商余名为“太阳基数”。

本月的太阳基数加此处的乘数就得到下月的基数，毫不费事。

〔译解〕 ①太阳基数为所求月平朔时太阳距春分点的弧长，亦即该时太阳的平黄经。

②2 宿 10 弧刻 58 分 1 息 $\frac{17}{67}$ 是每一个太阴月内太阳平均行度，参看第九章 9.21 节。$0^k4^q21'\ 5''\ 43'''$ 为每一太阴日太阳平行弧长。$24^k59^q6'\ 1''\ 41'''$ 为历元时太阳距春分点弧长。

③周天的弧度均分为 27 宿，在本译解的算式中用 k 表示。每宿 60 弧刻，周天等于 1620 弧刻。

〔例一〕 $1868\times(2^k10^q58'\ 1''\ 17''')+(24^k59^q6'\ 1''\ 41''')$

$=25^k31^q20'\ 3''\ 39'''$

〔**例二**〕 $(1885\times2+24+345)\div27=153\cdots\cdots8^{k}$

$(1885\times10+59+1828)\div60=345\cdots\cdots37^{q}$

$(1885\times58+6+394)\div60=1828\cdots\cdots50'$

$(1885\times1+1+478)\div6=394\cdots\cdots0''$

$(1885\times17+41)\div67=478\cdots\cdots60'''$

〔**例三**〕 $1890\times(2^{k}10^{q}58'\,1''\,17''')+(24^{k}59^{q}6'\,1''\,41''')$

$=19^{k}32^{q}41'\,1''\,11'''$

## 3.05　求中曜、中日

〔**译文**〕 以59漏刻3分4息$\frac{16}{707}$①乘以所求之日的序数，加曜基数，得“中曜”②。

以4弧刻21分5息$\frac{43}{67}$③乘以所求日序数加太阳基数得“中日”④。

或以所求日期查表3–1，也可（就不必自己乘了）。

**表3–1　体系派太阴日平行表　太阳平行表**

| 太阴日期 | | 1 | 2 | 3 | 4 | 5 | 6 | 7 | 8 | 9 | 10 | 11 | 12 | 13 | 14 | 15 |
|---|---|---|---|---|---|---|---|---|---|---|---|---|---|---|---|---|
| 太阴日平行时间 | 曜 | 0 | 1 | 2 | 3 | 4 | 5 | 6 | 0 | 1 | 2 | 3 | 4 | 5 | 6 | 0 |
| | 刻 | 59 | 58 | 57 | 56 | 55 | 54 | 53 | 52 | 51 | 50 | 49 | 48 | 47 | 46 | 45 |
| | 分 | 3 | 7 | 11 | 14 | 18 | 22 | 25 | 29 | 33 | 36 | 40 | 44 | 47 | 51 | 55 |
| | 息 | 4 | 2 | 0 | 4 | 2 | 0 | 4 | 2 | 0 | 4 | 2 | 0 | 4 | 2 | 0 |
| | /707 | 16 | 32 | 48 | 64 | 80 | 96 | 112 | 128 | 144 | 160 | 176 | 192 | 208 | 224 | 240 |

**续表**

| 太阴日期 | | 1 | 2 | 3 | 4 | 5 | 6 | 7 | 8 | 9 | 10 | 11 | 12 | 13 | 14 | 15 |
|---|---|---|---|---|---|---|---|---|---|---|---|---|---|---|---|---|
| 太阳平行弧长 | 宿 | 0 | 0 | 0 | 0 | 0 | 0 | 0 | 0 | 0 | 0 | 0 | 0 | 0 | 1 | 1 |
| | 刻 | 4 | 8 | 13 | 17 | 21 | 26 | 30 | 34 | 39 | 43 | 48 | 52 | 56 | 1 | 5 |
| | 分 | 21 | 43 | 5 | 27 | 49 | 11 | 33 | 55 | 17 | 39 | 1 | 23 | 45 | 7 | 29 |
| | 息 | 5 | 5 | 4 | 4 | 4 | 3 | 3 | 3 | 2 | 2 | 2 | 1 | 1 | 0 | 0 |
| | /67 | 43 | 19 | 62 | 38 | 14 | 57 | 33 | 9 | 52 | 28 | 4 | 47 | 23 | 66 | 52 |
| 太阴日期 | | 16 | 17 | 18 | 19 | 20 | 21 | 22 | 23 | 24 | 25 | 26 | 27 | 28 | 29 | 30 |
| 太阴日平行时间 | 曜 | 1 | 2 | 3 | 4 | 5 | 6 | 0 | 1 | 2 | 3 | 4 | 5 | 6 | 0 | 1 |
| | 刻 | 44 | 44 | 43 | 42 | 41 | 40 | 39 | 38 | 37 | 36 | 35 | 34 | 33 | 32 | 31 |
| | 分 | 58 | 2 | 6 | 9 | 13 | 17 | 20 | 24 | 28 | 31 | 35 | 39 | 42 | 46 | 50 |
| | 息 | 4 | 2 | 0 | 4 | 2 | 0 | 4 | 2 | 0 | 4 | 2 | 0 | 4 | 2 | 0 |
| | /707 | 256 | 272 | 288 | 304 | 320 | 336 | 352 | 368 | 384 | 400 | 416 | 432 | 448 | 464 | 480 |
| 太阳平行弧长 | 宿 | 1 | 1 | 1 | 1 | 1 | 1 | 1 | 1 | 1 | 1 | 1 | 1 | 2 | 2 | 2 |
| | 刻 | 9 | 14 | 18 | 22 | 27 | 31 | 36 | 40 | 44 | 49 | 53 | 57 | 2 | 6 | 10 |
| | 分 | 51 | 12 | 34 | 56 | 18 | 40 | 2 | 24 | 46 | 8 | 30 | 52 | 14 | 36 | 58 |
| | 息 | 0 | 5 | 5 | 5 | 4 | 4 | 4 | 3 | 3 | 3 | 2 | 2 | 1 | 1 | 1 |
| | /67 | 18 | 61 | 37 | 13 | 56 | 32 | 8 | 51 | 27 | 3 | 46 | 22 | 65 | 41 | 17 |

〔**译解**〕①59漏刻3分4息$\frac{16}{707}$是每一太阴日的平均长度(见第九章9.03节)。

②中曜：所求日的曜次（星期序数）和所求日太阴日结束的时刻，因尚未做月行快慢的修正，这个数值还不十分准确，只是来“定曜”(见下文3.11节)的一个中间步骤,所以命名为“中曜”。

③ 4 弧刻 21 分 5 息$\frac{43}{67}$是每一太阳日内太阳平均运行的弧长（见第九章 9.21 节）。

④中日：为所求的太阳日结束时，太阳距白羊宫首的弧长（即该时刻太阳的平黄经）。因尚未做太阳运动快慢的修正，只是求“定日”（见下文 3.11 节）的一个中间步骤，所以命名为太阳中数，此处采用《九执历》的译名，简称“中日”。

〔**例一**〕（$0^z59^q3'\ 4''\frac{16}{707}$）×15+$6^z45^q54'\ 4''\ 304'''$（曜基数）

$=0^z31^q21'\ 5''\ 43'''$（中曜）

（$0^k4^q21'\ 51''\frac{43}{67}$）×15+$25^k31^q21'\ 3''\ 39'''$（太阳基数）

$=1^k5^q29'\ 0''\ 42'''+25^k31^q20'\ 3''\ 39'''$

$=26^k36^q49'\ 4''\ 14'''$（中日）

〔**例二**〕以 15 日检表 3-1 上栏，得

$0^z45^q55'\ 0''\ 240'''$ +（$4^z47^q6'\ 3''\frac{687}{707}$）

$=5^z33^q1'\ 4''\ 220'''$（中曜）

检表 3-1 15 日下栏，得

$1^k5^q29'\ 0''\ 42'''$ +（$8^k37^q50'\ 0''\ 60'''$）

$=9^k43^q19'\ 1''\ 35'''$（中日）

〔**例三**〕检表 3-1 30 日上栏得

$1^z31^q50'\ 0''\ 480'''$ +（$5^z26^q17'\ 1''\ 259$）

$=6^z58^q7'\ 2''\ 32'''$（中曜）

检表 3-1 30 日下栏，得

$2^k10^q58'\ 1''\ 17'''$ +（$19^k32^q41'\ 1''\ 11'''$）

$=21^k43^q39'\ 2''\ 28'''$（中日）

## 3.06 月离步数表的构成

〔**译文**〕 表上给出十四步[①]、各步的数值依次为五、五、五、四、三、二、一，然后颠倒过来：一、二、三、四、五、五、五[②]（即损益率[③]）。前段各步[④]的盈缩积[⑤]是渐加的，后段各步的盈缩积是渐减的。现为便于了解，再将此表的左行（按纸面说的左，从读者说则为右）的数字具体开列如下：第一步与第十三步的盈缩积为五，第二、十二步为十，第三、十一步为十五，第四、十步为十九，第五、九步为二十二，第六、八步为廿四，第七步为二十五，第零步的盈缩积为零，构成表 3–2 月离表。

**表 3–2 月离表**

| | 检步序数 | 损益率（乘数） | 盈缩积 |
|---|---|---|---|
| 前步 | 1 | 5 | 5 |
| | 2 | 5 | 10 |
| | 3 | 5 | 15 |
| | 4 | 4 | 19 |
| | 5 | 3 | 22 |
| | 6 | 2 | 24 |
| | 7 | 1 | 25 |
| 后步 | 8 | 1 | 24 |
| | 9 | 2 | 22 |
| | 10 | 3 | 19 |
| | 11 | 4 | 15 |
| | 12 | 5 | 10 |
| | 13 | 5 | 5 |
| | 0 | 5 | 0 |

〔**译解**〕①十四步：月亮在空间运行速度因迟速运动而有大小的变化。一个近点月大约为二十八天，所以作为二十八步。月离表上只给出十四步的损益率和盈缩积，另外十四步与此对称，所以不必再给出。

②这些数值的单位是弧刻，最大者为五，因为月亮速度变化的幅度为十弧刻，在五十四至六十四之间，所以与平均行度之差最大为五。

③损益率：诸曜从远地点（或近日点）开始每行一步，对平均速度而言，超过或不及的度数。运算时用它去乘步数，所以有些表中标为“乘数”。

④前步、后步：也可译为前段、后段，或前进步、后退步。诸曜（太阳、月亮和五大行星）运动速度的变化率都可分为由小变大，和由大变小的前后两个段落，称为前步、后步。

⑤盈缩积：从远地点开始到某曜所在的宫（宿）之间，各步的损益率累积之和。

时轮历月离表之盈缩大分为25弧刻，其各个阶段的盈缩积的分配似与其正弦函数有关。设月亮7天行一象限，则第一天行$\frac{90^\circ}{7}$，第2天行$\frac{2}{7}\times 90^\circ$，以此类推。以盈缩大分乘以每天月亮运行度数的正弦函数，分别得5.56，10.85，15.59，19.54，22.52，24.37，25。只取整数，与时轮历月离表之盈缩积完全一致。后面的日躔表与此类似，不再重复加注。

时宪历月离表盈缩大差为4°.97。将时轮历盈缩大差25弧刻折合成今度，得5°.56，略大于今测。

## 3.07　求曜净行

〔**译文**〕 置整数，加以所求日数，除以十四[①]，所得商数如为一、三，表示不均衡；如为零、二、四，表示均衡。均衡就是顺序，不均衡就是逆序。将此商数关押起来[②]以其余数查表 3–2（检步序数栏），查得位置后，将此数码擦掉[③]，将相应的盈缩积一栏的数值写在弧刻位上。用旁下步[④]损益率乘“零数”。

上面以十四除得的余数如果是零，称为“未过”[⑤]，其盈缩积也是零，其下步损益率则用表中前步的第一行的数值。

检步序数旁下数，乘“零数”后，除以 126，所得商数叫作“净行”（弧刻），商余乘 60，再除以 126，得净行分，商余乘 6 除以 126，得净行息，商余乘 707，除以 126，得子位，一定能除尽，再无余数。

〔**译解**〕 ①除以近点月周期 28 日的一半 14 日，意味着从近地点或远地点开始。顺序即月亮的迟速运动中由近地点到远地点的半周，逆序即由远地点到近地点的另外半周。

②关押起来：即此数字后面还有用处，暂时在其周围画一圆圈以免遗忘。

③擦去是因为再没有其他用途了。

④旁下步即检步数旁右栏下面一行的损益率。

⑤未过：检步序数如果出现为零时，表示盈缩正负相抵，即天体正处于远地点或近地点时。

〔**例一**〕 所求日期数为 15，整数为 20。

（15+20）÷ 14=2……7

商数 2 周围画上一个圈②，后面还要用到。

以商余 7 为检表序数查表 3–2，得盈缩积为 25。其旁下一步的损益率为 1，以此为乘数，去乘零数 104，除以 126。

$1\times104\div126=0\cdots\cdots104$

$104\times60\div126=49\cdots\cdots66$

$66\times60\div126=31\cdots\cdots54$

$54\times707\div126=303$ 必须除尽无余数。

得“净行数”为 $0^{q}49'\ 31''\ 303'''$。

注意：此数取其商数的整数，而不是其余数。

〔**例二**〕 所求日数为 15，整数为 26，零数为 121。

（26+15）÷ 14= ②……13

以 13 查表 3–2，得盈缩积 5，下一行的损益率 5：

$5\times121\div126=4\cdots\cdots101$

$101\times60\div126=48\cdots\cdots12$

$12\times6\div126=0\cdots\cdots72$

$72\times707\div126=404$

得净行度 4 漏刻 48 分 0 息 $\frac{404}{707}$。

〔**例三**〕 所求日数为 30，整数为 9，零数为 0。

（9+30）÷ 14= ②……11

查表：盈缩积 15，损益率 5，

$5\times0\div126=0^{q}0'\ 0''\ 0'''$

## 3.08 求半定曜

〔**译文**〕 净行弧刻（分、息）等位，（凡盈缩积）是前步者与之相加，是后步者与之相减。但是如遇“未过”，则乘数落在前步的第一步上，因此净行漏刻应与盈缩积行度相加（而不是相减）；而如遇前步的第七步时，乘数落在后步上，所以净行漏刻的数值应从盈缩积中减去。减后所余的漏刻位退一，乘 60 为分，以净行分减之；减后的差数退一为息，乘 6，减净行息；差数退一，乘 707，减净行子位，减得的差数为月亮的步度（简称月步）[①]。

这个数值与中曜的漏刻以下各位（不管曜位）均衡则加，不均衡则减[②]，得数叫“半定曜”[③]。

为使曜（半定）数与（下面将求得的）日（躔步）数的子位通分，净行子位乘以 67，再除以 707，其商数为第五子位，商余为第六子位。

〔**译解**〕 ①加与减要看乘数（即损益率）在前步还是后步而定，而不是看盈缩积在前、后步。

②均衡为偶数商，逢均衡盈缩积为加，表示月亮的迟速改正是从近地点开始起算的。

③月步（月亮的真盈缩弧长）的单位是弧刻，中曜（太阴日结束的时刻）的单位是漏刻，单位不同，本不能相加减，应先变时。此处因二者周期相差很小，几乎相等，就简单地直接加减了。

〔**例一**〕 由 3.06 已知：盈缩积 25，损益率 1 在后步中，太阳净行 $0^{q}49'\ 3''\ 101'''$ 为负数。

由 3.08 已知，中曜为 $31^{q}49'\ 4''\ 544'''$。

由 3.07 已知，“整数”为偶数，顺行，故“月步”为正数。

| | 曜$^x$ | 漏刻$^q$ | 分′ | 息″ | 第五子数″′ | 第六子数 | |
|---|---|---|---|---|---|---|---|
| 周进位率 | 7 | 60 | 60 | 6 | 707 | | |
| 25$^q$= | | 24 | 59 | 5 | 707 | | 积步 |
| 后步，负数 – | | 0 | 49 | 3 | 101 | | 太阴净行 |
| 均衡，正数 + | | 24 | 10 | 2 | 606 | | 月步 |
| | 0 | 31 | 49 | 4 | 544 | | 中曜 |
| | 0 | 56 | 0 | 1 | 443 | | 半定曜 |
| = | 0 | 56 | 0 | 1 | 41/67 | 694/707 | 通分 |
| 〔**例二**〕 5$^q$= | | 4 | 59 | 5 | 707 | | 积步 |
| 后步，负数 – | | 4 | 48 | 0 | 404 | | 净行 |
| 均衡，正数 + | | 0 | 11 | 5 | 303 | | 月步 |
| | 5 | 33 | 1 | 4 | 220 | | 中曜 |
| | 5 | 33 | 13 | 3 | 523 | | 半定曜 |
| = | 5 | 33 | 13 | 3 | 49/67 | 398/707 | 通分 |
| 〔**例三**〕 | | 15 | | | | | 积步 |
| 后步，负数 – | | 0 | 0 | 0 | 0 | | 净行 |
| 均衡，正数 + | | 15 | | | | | 月步 |
| | 6 | 58 | 7 | 2 | 32 | | 中曜 |
| | 0 | 13 | 7 | 2 | 32 | | 半定曜 |
| = | 0 | 13 | 7 | 2 | 3/67 | 23/707 | 通分 |

## 3.09

〔**译文**〕 日躔步度表的构成。

前后两段的渐加渐减率是六、四、一，一、四、六，表中左行的盈缩积是：第一步和第五步为六，第二、四步为十，第三步为十一，（起点的）零步为零。

**表 3-3 日躔表**

| | 引检步 | 损益率 | 盈缩积 | | 引检步 | 损益率 | 盈缩积 |
|---|---|---|---|---|---|---|---|
| 前步 | 1 | 6 | 6 | 后步 | 4 | 1 | 10 |
| | 2 | 4 | 10 | | 5 | 4 | 6 |
| | 3 | 1 | 11 | | 0 | 6 | 0 |

〔**译解**〕 引检步数的意义

**表 3-4 引检步与 12 宫的对应关系**

| 检 步 | 1 | 2 | 3 | 4 | 5 | 0 |
|---|---|---|---|---|---|---|
| 宫（前步） | 巨蟹 | 狮子 | 室女 | 天秤 | 天蝎 | 人马 |
| 名（后步） | 摩羯 | 宝瓶 | 双鱼 | 白羊 | 金牛 | 双子 |

同月离表注，此日躔表盈缩大差 11 与其他各段盈缩积的关系也符合正弦函数之关系。时宪历日躔大差为 2° .05，将时轮历日躔大差折合成今度为 2° .44，也略大于今测。

## 3.10

〔**译文**〕 求太阳净行。

置中日，重张位。

其一减六宿四十五弧刻①，不足减时加一周（廿七宿）再减；差数如果满半周（十三宿三十弧刻）者减去，不足者不减，减与未减要记下来。减余的宿数乘六十，加入减余的弧刻数，除以 135②，以其商数作为检步序数，在日躔步度表。查得的盈缩积（积步）数值写在弧刻位上；用查得的损益率遍乘（中日尾数的）弧刻至子位各数值；如果遇到“未过”则用第一步（的损益率）去乘（参看例三）。乘得之积自下而上按各位的分母 67，6，60 进位，然后除以 135，商数为（太阳）“净行”（的刻位）；余数乘 60，加入分位，再除以 135，得分位；余数乘 6，加入息位，再除以 135，得息位；余数乘 67，加入原来的子位数，再除以 135，得子位。应该除尽，再没有余数（这些商数就是太阳的净行）。

〔**译解**〕①六宿四十五弧刻（即 90°）是夏至到春分的距离，减 $6^{k}45^{q}$ 意味着太阳远地点在夏至。

②除以 135 的意义是化为宫数，一宫占 9 步，每步 15 弧刻，$9\times15=135$。太阳盈缩数表以宫为单位排列。

〔**例一**〕由 3.05 已知，中日　$26^{k}$　$36^{q}$　$49'$　$4''$　$14'''$

| 单位 | 宿 | 刻 | 分 | 息 | 子（/67） | |
|---|---|---|---|---|---|---|
| 由 3.05 | 26 | 36 | 49 | 4 | 14 | 中日 |
| | − 6 | 45 | | | | 诞生宿刻 |
| | 19 | 51 | | | | |
| | − 13 | 30 | | | | |
| | $6^{k}$ | $21^{q}=381^{q}$ | | | | 已减半周 |

$381^{q}\div135=2$ 宫…111 弧刻　　化宫刻

检日躔步度表：2 宫得积步 10，损益率 1，前步、正数

| | | | | | | |
|---|---|---|---|---|---|---|
| | | 111 | 49 | 4 | 14 | 中日化宫尾数 |
| | × | 1 | | | | 损益率 |
| | 135 | 111 | 49 | 4 | 14 | 化宫刻 |
| 前步正数 | + | 0 | 49 | 4 | 14 | 太阳净行 |

〔例二〕

| | | | | | | |
|---|---|---|---|---|---|---|
| 9 | 43 | 19 | 1 | 35 | | 中日 |
| − 6 | 45 | | | | | 诞生宿刻 |
| $2^{k}$ | $58^{q}=178^{q}$ | | | | | 未减半周 |

$178^{q}\div135=1$ 宫 43 弧刻　　化宫刻

检表得积步 6，损益率 4，前步

| | | | | | | |
|---|---|---|---|---|---|---|
| | | 43 | 19 | 1 | 35 | 中日化宫尾数 |
| | × | 4 | | | | 损益率 |
| | 135 | 172 | 76 | 4 | 140 | 化宫刻 |
| 前步、正数 | + | 1 | 17 | 0 | 6 | 太阳净行 |

〔例三〕

| 单位 | | 宿 | 刻 | 分 | 息 | 子（/67） | |
|---|---|---|---|---|---|---|---|
| | | 21 | 43 | 39 | 2 | 28 | 中日 |
| | − | 6 | 45 | | | | 诞生宿刻 |
| | | 14 | 58 | | | | |
| | − | 13 | 30 | | | | 已减半周 |
| | 135 | 1 | 28 | 39 | 2 | 28 | 化宫刻 |
| 前步为正数 | + | 0 宫 | 3 | 56 | 2 | 34 | 太阳净行 |

以 0 宫查表得积步 0，即“未过”，损益率看第一行为 6，前步。

## 3.11

〔**译文**〕 求定曜、定日

“净行”的弧刻及以下各位，用与求半定曜相同的方法，（与查表所得盈缩积）前步加，后步减，得（太阳）定步（简称日步）。以之分别与“半定曜”，中日的刻以下各位加减：已减半周者加，未减半周者减。得定曜与定日。

〔**译解**〕 太阳盈缩定步简称为日步，是太阳实际上比平均行度多行或少行的弧长。

“定日”系采用《九执历》的译名，意为在所求日的太阴日结束时，太阳所在之宿和在该宿内已行过的弧度，即太阳的真黄经。

“定曜”意为真太阴时刻，即所求日准确的曜日序数和该日内太阴日结束的漏刻、分、息等。

对于合朔时刻来说，中曜即平朔，半定曜即计入了月行迟疾对合朔时刻的影响，定曜则日月盈缩的影响都计在内了，即相当于定朔。

时轮历日躔表从远地点开始计算，故前半周减，后半周加。

| 〔**例一**〕 | | | 宿 | 刻 | 分 | 息 | 子（/67） | |
|---|---|---|---|---|---|---|---|---|
| 由 3.10 | | + | | 0 | 49 | 4 | 14 | 太阳净行 |
| | | | | 10 | | | | 积步 |
| 已减半周 | 正数 | + | | 10 | 49 | 4 | 14 | 日步 |
| | | | 26 | 36 | 49 | 4 | 14 | 中日 |
| | | | 26 | 47 | 39 | 2 | 28 | 定日（太阳真黄经） |

| | | 宿 | 刻 | 分 | 息 | 子（/67） | |
|---|---|---|---|---|---|---|---|
| 〔**例二**〕 | | | | | | | |
| | | | + 1 | 17 | 0 | 6 | 净行 |
| | | | 6 | | | | 积步 |
| 未减半周 负数 – | | | 7 | 17 | 0 | 6 | 日步 |
| | | 9 | 43 | 19 | 1 | 35 | 中日 |
| | | 9 | 36 | 2 | 1 | 29 | 定日 |
| 〔**例三**〕 | | + 3 | 56 | 2 | 34 | | 净行 |
| | | 0 | | | | | 积步 |
| 已减半周，正数 + | | 3 | 56 | 2 | 34 | | 日步 |
| | 21 | 43 | 39 | 2 | 28 | | 中日 |
| | 21 | 47 | 35 | 4 | 62 | | 定日 |

| 〔**例一**〕 | 曜 / 宿 | 刻 | 分 | 息 | 子（/67；/707） | | |
|---|---|---|---|---|---|---|---|
| 由 3.08 | 0 | 56 | 0 | 1 | 41 | 694 | 半定曜 |
| 已减半周，正数 + | 0 | 10 | 49 | 4 | 14 | | 日步 |
| | 1 | 6 | 49 | 5 | 55 | 694 | 定曜 |
| 〔**例二**〕 | 5 | 33 | 13 | 3 | 49 | 398 | 半定曜 |
| | | – 7 | 17 | 0 | 6 | | 日步 |
| | 5 | 25 | 56 | 3 | 43 | 398 | 定曜 |
| 〔**例三**〕 | 0 | 13 | 7 | 2 | 3 | 23 | 半定曜 |
| | | +3 | 56 | 2 | 34 | | 日步 |
| | 0 | 17 | 3 | 4 | 37 | 23 | 定曜 |

## 3.12

〔**译文**〕求太阳日月宿。

置定日，重张位。另置五十四，乘以日期，除以六十，商数为宿，余数为弧刻；或按太阴超行度[①]表直接查取亦可。以之加于定日的宿位与刻位，得太阴日月宿[②]。体系派与作用派都是这样。

**表 3–5　太阴超行度表**

| 日　期 | | 1 | 2 | 3 | 4 | 5 | 6 | 7 | 8 | 9 | 10 | 11 | 12 | 13 | 14 | 15 |
|---|---|---|---|---|---|---|---|---|---|---|---|---|---|---|---|---|
| 太阴超行度 | 宿 | 0 | 1 | 2 | 3 | 4 | 5 | 6 | 7 | 8 | 9 | 9 | 10 | 11 | 12 | 13 |
| | 刻 | 54 | 48 | 42 | 36 | 30 | 24 | 18 | 12 | 6 | 0 | 54 | 48 | 42 | 36 | 30 |
| 日　期 | | 16 | 17 | 18 | 19 | 20 | 21 | 22 | 23 | 24 | 25 | 26 | 27 | 28 | 29 | 30 |
| 太阴超行度 | 宿 | 14 | 15 | 16 | 17 | 18 | 18 | 19 | 20 | 21 | 22 | 23 | 24 | 25 | 26 | 0 |
| | 刻 | 24 | 18 | 12 | 6 | 0 | 54 | 48 | 42 | 36 | 30 | 24 | 18 | 12 | 6 | 0 |

太阴日月宿减去定曜，得曜伴月宿（本书为通俗，意译为太阳日月宿[③]）。

〔**译解**〕①太阴超行度是指月亮与太阳向同一方向运动，每天除共同的行度外，月亮还超过太阳 54 弧刻（周天 1620 弧刻的三十分之一），它与共同行度相加，构成每个太阴日月亮所行的弧度。

②太阴日月宿是指太阴日结束时月亮所在之宿，即此时月亮的黄经。

③太阳日月宿是指太阳日开始时月亮所在之宿和在该宿中已运行多少弧长。因为值曜的起讫是按太阳日计算的，与太阳日共始终的，所以“伴曜”就是按太阳日计算的意思，即天明时月亮的黄经。

| 〔**例一**〕 | 宿 | 刻 | 分 | 息 | 子（/67；/707） | |
|---|---|---|---|---|---|---|
| 由 3.11 | 26 | 47 | 39 | 2 | 28 | 定日 |
| 查表 | + 13 | 30 | | | | 15 天月超行 |
| | 13 | 17 | 39 | 2 | 28 | 太阴日月宿 |
| | − 1 | 6 | 49 | 5 | 55　694 | 定曜 |
| | 12 | 10 | 49 | 2 | 39　13 | 太阳日月宿 |
| 〔**例二**〕 | 9 | 36 | 2 | 1 | 29 | 定日 |
| | + 13 | 30 | | | | 15 天月超行 |
| | 23 | 6 | 2 | 1 | 9　64 | 太阴日月宿 |
| | − 5 | 25 | 56 | 3 | 43　398 | 定曜 |
| | 17 | 40 | 5 | 3 | 32　373 | 太阳日月宿 |
| 〔**例三**〕 | 21 | 47 | 35 | 4 | 62 | 定日 |
| | + 27 | | | | | 30 天月超行 |
| | 21 | 47 | 35 | 4 | 21　19 | 太阴日月宿 |
| | − 0 | 17 | 3 | 4 | 27　23 | 定曜 |
| | 21 | 30 | 31 | 5 | 50　703 | 太阳日月宿 |

## 3.13

〔**译文**〕求“会合”。

此数（太阳日月宿）与定日，从宿位起到子位，同位相加，按 67，6，60，60 进位，得“会合”

〔**译解**〕廿七会合的名称见第一章 1.07 节。这里的会合是占星术上用的，不是会合周期，无天文学上的意义。

〔**例一**〕

| | 宿 | 刻 | 分 | 息 | 子（/67） |
|---|---|---|---|---|---|
| 由 3.11 已知定日 | 26 | 47 | 39 | 2 | 28 |
| 由 3.12 已知太阳日月宿 | + 12 | 10 | 49 | 2 | 39 |
| | 11 | 58 | 28 | 5 | 0 |

所以第十六胜生周土马年（1978）三月十五日的“会合”是第十一个“遍摧”。

## 3.14

〔**译文**〕求“作用”。

以日期乘二，减一，除以七，余数即“作用”的后分，其前分可以间接推知。

〔**译解**〕十一个“作用”由初一的后分起至廿九日前分止，按以下七个轮流：

1. 枝稍，2. 孺童，3. 具种，4. 榨麻油，5. 家生，6. 商贾，7. 毗支。

29 日的后分名吉祥，30 日前分名四足，30 日后分名蛟龙，初一前分名不净，这四个是固定的，不轮流。

例：十五日

$$(15\times 2-1)\div 7=4\cdots\cdots 1$$

所以十五日后分为枝稍，推知其前分为 0 毗支。十六日前分为孺童。

〔表解〕

表 3–6 作用表

| 一枝稍 | 二孺童 | 三具种 | 四榨麻 | 五家生 | 六商贾 | 0 毗支 |
|---|---|---|---|---|---|---|
| 初一后 | 初二前 | 初二后 | 初三前 | 初三后 | 初四前 | 初四后 |
| 初五前 | 初五后 | 初六前 | 初六后 | 初七前 | 初七后 | 初八前 |
| 初八后 | 初九前 | 初九后 | 初十前 | 初十后 | 十一前 | 十一后 |
| 十二前 | 十二后 | 十三前 | 十三后 | 十四前 | 十四后 | 十五前 |
| 十五后 | 十六前 | 十六后 | 十七前 | 十七后 | 十八前 | 十八后 |
| 十九前 | 十九后 | 二十前 | 二十后 | 廿一前 | 廿一后 | 廿二前 |
| 廿二后 | 廿三前 | 廿三后 | 廿四前 | 廿四后 | 廿五前 | 廿五后 |
| 廿六前 | 廿六后 | 廿七前 | 廿七后 | 廿八前 | 廿八后 | 廿九前 |
| 廿九后<br>吉祥 | 三十前<br>四足 | 三十后<br>蛟龙 | 初一前<br>不净 | × | × | × |

〔译解〕这里的日期是按太阴日说的，所以每月固定为三十天，没有大小月。

## 3.15

〔译文〕1. 曜，2. 日期，3. 星宿，4. 会合，5. 作用，是在星算家中极为著称的五支，或称五括、五要素。其中的曜指“定曜”（太阴日结束的准确时刻）。日期指日期与喜、善、胜、空、满五种名称的配合。星宿指太阳日月宿。会合是由（定）日和月（宿）和合而成的。作用指作用的前后分。

〔译解〕喜日：每月的初一、初六、十一、十六、廿一、廿六日。

善日：每月的初二、初七、十二、十七、廿二、廿七日。

胜日：每月的初三、初八、十三、十八、廿三、廿八日。

空日：每月的初四、初九、十四、十九、廿四、廿九日。

满日：每月的初五、初十、十五、二十、廿五、三十日。

## 3.16

〔**译文**〕 重日与缺日。

一个太阳日是以今天天明为起点，到明天天明为止，转入下一个太阳日。（定曜的数值的第一位即）曜位及其下面所带的数值（漏刻、分、息等）表示从天明起，再过这么长的时刻，今天这个太阴日就将终了，（开始）进入下一个（太阴日）了。

如果同一个曜重复出现两次①，其中漏刻较大的那一天就是缺日，如果跳过去了②，其中漏刻较小的一个是重日③。实际上日期是没有缺和重的，出现这种现象的原因是要（把太阴日）与太阳日配合起来。当一个太阳日相应于一个完整的太阴日，并且前后两头又都有一点多余的时候，这个太阳日就叫作“缺日”。当一个太阴日与三个太阳日见面时④，与这个完整的太阴日并行的日期就叫作“重日”。可见，由于月行步度盈缩而产生的缺与重，是正好相抵消的。缺日较多的，是太阳日与太阴日不相等的那一部分。

〔**译解**〕 ①即前后两天的“定曜”的曜次相同。

②即前后两天的“定曜”的曜次不连续，中间缺一个。

③此原则可总结为八个字：“重者缺大，缺者重小。”

④即除一个整太阳日外，两头还各有一个太阳日的一小部分，

一共与三个太阳日有关。〔实例〕见后面《时轮历原理研究》一文第六节。参看 11.14、11.15 两节。

## 3.17

〔**译文**〕 定日与月宿的意义。

太阳的数值（定日）是在太阴日终了时太阳运行到了某一宿后在该宿中约略已运行了多长。

太阴日月宿是这一天太阴日结束时，月亮所在之宿。

太阳日月宿是指这一天月亮所在之宿，和前一天月亮已运行过的长度，用它去减六十弧刻，就是从天明起月亮在该宿还有多长时间，这段弧长完了之后，就进入下一宿了。

## 3.18

〔**译文**〕 论“会合”与“作用”。

“会合”是时间之神，是每一个太阴日的主事者，其（刻、分等）数值是这一天天明前已运行完了的。

“作用”及其前后分是把所推算的这个太阴日分成两半，每一半是一个“作用”的数值。其算法是：用前一个太阴日去减六十，差数是在前一个太阳日里已走过的，这个差数与今天的太阴日数值相加，除以二，商数即这个时间的作用的数值。前分是前一太阴日终了后还要经过这么长的时间，后分表示这个数值终了后的“作用”的数值。

〔**例一**〕 求第十六胜生周戊午年七月十五日的作用。

已求得七月十四日定曜，为 $32^{q}0' 4'' 13''' 33''''$

七月十五日定曜，为 $25^{q}56' 3'' 43''' 398''''$

$(60^{q}-32^{q}0' 4'' 13''' 33''''+25^{q}56' 3'' 43''' 398'''') \div 2$

$=26^{q}57' 5'' 48''' 537''''$

26 日的前分为“枝稍”。

〔**译解**〕 藏文原书此处有一个六十干支表，其内容已包括在 1.09 节译解的表里面，不再重复。

妙德本初佛祖经中，外时轮品历法数值推算要诀——众种法王精要之第三章，五要素（体系派）终。

# 第四章 五要素（作用派）

## 4.01

〔译文〕 早期的浦派遵循《时轮摄略经》而讲的一般的算法。

从第十四胜生周丁亥年起计算已过年数，乘以十二。从角宿月起计已过月数，相加后重张两位，下位乘二，恒加六十四，除以六十五，商数加于上位，得积月。如果此数适值进位（按：即商余为零或一），则是按此派算法为有闰。

## 4.02

〔译文〕 置积月，重张三位，由上而下，乘以一、三十一、五十；恒加三、二十一、二十。（自下而上）除以六十、六十、七，商余即是“曜基数”。

〔译解〕 1+7×4 为 29 日，朔望月为 29 日 31 漏刻 50 分 =29.53056 太阳日。

### 4.03

〔译文〕 积月重张两位，上位乘二，下位乘一；上位加八；下位加二十八，除以一百二十六，商数加于上位，除以二十八，（这两个）余数名为“整数、零数”。

### 4.04

〔译文〕 积月重张五位，从上位起依次乘以二、十、五十八、二、十；恒加廿五、四十二、十二、一、十一；依次除以十三、六、六十、六十、二十七，商余即是太阳基数。

### 4.05

〔译文〕 上月的基数加原乘数，即得下月的基数。为了计算的方便，现将作用派的太阴日和太阳平均行度逐日列表如下。该日太阴日时刻和该日太阳平行度与曜基数和太阳基数相加后得中曜和中日：

**表 4-1 作用派太阴日与太阳日平行表**

| 太阴日期 | | 1 | 2 | 3 | 4 | 5 | 6 | 7 | 8 | 9 | 10 | 11 | 12 | 13 | 14 | 15 |
|---|---|---|---|---|---|---|---|---|---|---|---|---|---|---|---|---|
| 太阴日平行时间 | 曜 | 0 | 1 | 2 | 3 | 4 | 5 | 6 | 0 | 1 | 2 | 3 | 4 | 5 | 6 | 0 |
| | 刻 | 59 | 58 | 57 | 56 | 55 | 54 | 53 | 52 | 51 | 50 | 49 | 48 | 47 | 46 | 45 |
| | 分 | 3 | 7 | 11 | 14 | 18 | 22 | 25 | 29 | 33 | 36 | 40 | 44 | 47 | 51 | 55 |
| | 息 | 4 | 2 | 0 | 4 | 2 | 0 | 4 | 2 | 0 | 4 | 2 | 0 | 4 | 2 | 0 |
| | 子 | 0 | 0 | 0 | 0 | 0 | 0 | 0 | 0 | 0 | 0 | 0 | 0 | 0 | 0 | 0 [1] |
| 太阳平行弧长 | 宿 | 0 | 0 | 0 | 0 | 0 | 0 | 0 | 0 | 0 | 0 | 0 | 0 | 0 | 1 | 1 |
| | 刻 | 4 | 8 | 13 | 17 | 21 | 26 | 30 | 34 | 39 | 43 | 48 | 52 | 56 | 1 | 5 |
| | 分 | 21 | 43 | 5 | 27 | 47 | 11 | 33 | 55 | 17 | 39 | 1 | 23 | 45 | 7 | 29 |
| | 息 | 5 | 5 | 5 | 4 | 4 | 4 | 3 | 3 | 3 | 2 | 2 | 2 | 2 | 1 | 1 |
| | /13 | 9 | 5 | 1 | 10 | 6 | 2 | 11 | 7 | 3 | 12 | 8 | 4 | 0 | 9 | 5 |
| 太阴日期 | | 16 | 17 | 18 | 19 | 20 | 21 | 22 | 23 | 24 | 25 | 26 | 27 | 28 | 29 | 30 |
| 太阴日平行时间 | 曜 | 1 | 2 | 3 | 4 | 5 | 6 | 0 | 1 | 2 | 3 | 4 | 5 | 6 | 0 | 1 |
| | 刻 | 44 | 44 | 43 | 42 | 41 | 40 | 39 | 38 | 37 | 36 | 35 | 34 | 33 | 32 | 31 |
| | 分 | 58 | 2 | 6 | 9 | 13 | 17 | 20 | 24 | 28 | 31 | 35 | 39 | 42 | 46 | 50 |
| | 息 | 4 | 2 | 0 | 4 | 2 | 0 | 4 | 2 | 0 | 4 | 2 | 0 | 4 | 2 | 0 |
| | 子 | 0 | 0 | 0 | 0 | 0 | 0 | 0 | 0 | 0 | 0 | 0 | 0 | 0 | 0 | 0 [2] |
| 太阳平行弧长 | 宿 | 1 | 1 | 1 | 1 | 1 | 1 | 1 | 1 | 1 | 1 | 1 | 1 | 2 | 2 | 2 |
| | 刻 | 9 | 14 | 18 | 22 | 27 | 31 | 36 | 40 | 44 | 49 | 53 | 57 | 2 | 6 | 10 |
| | 分 | 51 | 13 | 35 | 57 | 18 | 40 | 2 | 24 | 46 | 8 | 30 | 52 | 14 | 36 | 58 |
| | 息 | 1 | 0 | 0 | 0 | 5 | 5 | 5 | 4 | 4 | 4 | 4 | 3 | 3 | 3 | 2 |
| | /13 | 1 | 10 | 6 | 2 | 11 | 7 | 3 | 12 | 8 | 4 | 0 | 9 | 5 | 1 | 10 |

[1][2] 由校订者吉毛卓玛校勘后补充。

## 4.06

〔译文〕 整数加日期除以十四，商数如为一、三为不均衡，零、二、四为均衡。以余数查月离步度表，盈缩积写于弧刻位。损益率乘以“零数”，如遇“未过”（参看3.07注⑤）则乘以第一行，然后除以一百二十六得（太阴日）“净行”。商余乘六十，除得商数为息，再有余则乘以十三，除以一百二十六，得数为“子位”，不一定没有余数。净行弧刻等数前步加、后步减。这些数值与中曜加减，均衡则加，不均衡则减，得半定曜。

## 4.07

〔译文〕 中日重张两位，其一减六宿四十五弧刻，不足减者加二十七后再减，差数满半周（13宿30弧刻）则减去，差数宿位乘六十，加原数中的弧刻数，除以一百三十五，以商数引检日躔步度表，查得的盈缩积写于刻位，损益率乘其他各位，如遇“未过”，则用第一步的数值去乘，然后按各自的周期：十三、六、六十、进位，再除以一百三十五，得数为“净行”，余数乘六十，除以一百三十五，再以六乘余数，除以一百三十五，得数为息，再以十三乘，余数除以一百三十五，得十三分的分子，再有余数可弃去不用。

盈缩积与净行弧刻及以下各位，前步加，后步减，得日步。以之与（半定）曜（中）日的（刻）以下数值加减，——已减半周则加，未减半周则减，得定曜与定日。

## 4.08

〔**译文**〕 置定日重张位。其一加从上面（3.12）所给的超行度表中查得的数值，得太阴日月宿，此数减去定曜得太阳日月宿。（定）日与（太阳日）月（宿）相加得“会合”。

求作用：日期乘二，减一，除以七，余数称为作用之后分。

妙德本初佛祖经中，外时轮品历法数值推算要诀——众种法王精要之第四章，五要素（作用派）终。

# 第五章　罗睺与交食

## 5.01

〔**译文**〕罗睺头尾的数值。

第十四胜生周丁亥年起的积月，恒加一百[①]，除以二百三十[②]，余数乘三十，推算望日时加十五，晦日则加三十[③]。重张五位，从上位起，依次乘以零、零、十四、零、十二[④]。（再由下而上）除以二十三、六、六十、六十、二十七。商余为（罗睺）根数[⑤]。重张两位，以其一去减二十七，得数为罗睺头宿位。以半周（十三宿三十度）加或减之，（不足半周则加，满半周则减）得罗睺尾，亦名“劫火”[⑥]。

〔**译解**〕①恒加 100，表示历元时黄白升交点通过春分点后已西行 100 个月。

② 230 个月为罗睺周期，即 6900 太阴日，折合 6792.04 太阳日。现代实测黄白升交点退行周期为 6793.46 日，已较为接近。

③将以太阴月表示的交点距春分点已行时间，化成以太阴日表示。一个太阴月等于 30 个太阴日。

④乘以 0，0，14，0，12，表示罗睺每日退行 14 弧分$\frac{12}{23}$息，即 0.2347826 弧刻。以今 360 度制表示，为 3′ 7″ .83。请参阅第九章 9.31 至 9.35 节。

⑤罗睺根数即发生交食时的升交点在春分点以西的弧长。

⑥从 27 宿（即周天）减去罗睺根数，即是从春分点向东度量的黄白升交点行度。再减去半周，即降交点行度。

## 5.02

〔**译文**〕 罗睺头尾的意义。

二十七宿在天空的轨道上左旋（逆时针方向）而列，罗睺的本身行则在天空的轨道上右旋（顺时针方向）运动。例如：罗睺根数为第三宿，就是从奎宿①起右旋反数至第三宿，即室宿，为罗睺头所在之宿。用罗睺根数去减二十七的差数为二十四，就是从娄宿起顺数至第二十四宿，同样也得室宿，为罗睺头之宿位。这两种（数法）实际是一样的，只是以前有人对日月食和罗睺的运行不了解，后来的人就顺随其他各曜在各宿中运行方式而做出这样一种说法。

〔**译解**〕 ①奎宿为古时春分点所在。

〔**例一**〕（1868+100）÷230=8……128

128×30+15=3855

$3855\times 0^{k}0^{q}14'\ 0''\ 12'''=15^{k}5^{q}5'\ 1''\ 7'''$　　罗睺基数

$27^{k}-15^{k}5^{q}5'\ 1''\ 7'''=11^{k}54^{q}4'\ 4''\ 6'''$　　罗睺头在翼宿

$13^{k}30^{q}+11^{k}54^{q}54'\ 4''\ 6'''=25^{k}24^{q}54'\ 4''\ 16'''$　　罗睺尾在室宿

〔**例二**〕（1885+100）÷230=8……145

145×30+15=4365

$4365\times(0,0,14,0,12)=17^{k}4^{q}49'\ 3''\ 9'''$　　罗睺基数

$27^{k}-17^{k}4^{q}49'\ 3''\ 9'''=9^{k}55^{q}10'\ 2''\ 14'''$　　罗睺头

$13^{k}30^{q}+9^{k}55^{q}10'\ 2''\ 14'''=23^{k}25^{q}10'\ 2''\ 14'''$　　罗睺尾

〔**例三**〕（1890+100）÷230=8……150

（150×30+30）×（0,0,14,0,12）=17,43,33,5,11　罗基

27−（17,43,33,5,11）= 9，16，26，0，12　罗头

+13　30　半周

$22^{k}\ 46^{q}\ 26'\ 0''\ 12'''$　罗尾

## 5.03

〔**译文**〕用罗睺头尾占星。

《占音经》中所传之术，战斗之际，择时辨方，一妇挥戈，百夫莫挡。其算术为：罗睺头转到罗睺头所在之宿上面，日宿时辰转到年上，宜向箭头所指方向抛投朵马（食子），施投灵器，布阵发兵，如图 5-1、图 5-2、图 5-3 所示[1]。

[1] 图为藏文原图，由校订者吉毛卓玛补充图题。

威镇三界法:无论行善行恶,(其果)常因其他时厉,而生变化。世尊说时轮根本经之际，东洲太阳，南洲劫火，西洲太阴，北洲罗睺,月值正望。辨方之术为:将下图圆盘转到罗睺头所在之宿上，箭尖指向“定日”所在之宿，月宿落在箭尾扣弦处之时，此洲从夜半起至日中为镇伏三界之最佳时刻。

图 5-1　罗睺转盘

图 5-2　二十七宿

图 5-3　十二属相

## 5.04

〔**译文**〕 罗睺入食日、月的规律。

从上次月食起，过六个月，应予考察（即隔六个月就可能再有一次月食）。日食出现后满十二个月，应予考察①。

首先用著名的作用派算法的太阴日月宿（见 4.08 节）和定日（见 4.07 节），看其与罗睺头、罗睺尾哪个相近，用数值小者去减数值大者，考察其余数。这是《白琉璃》母编的方法。

〔**译解**〕 ①太阳从黄白升交点运行一周再回到升交点，需时 346 天，称为一个交食年；从升交点到降交点和从降交点到升交点需时 173 天，称为半个交食年。太阳行到升交点或降交点时，便可能发生交食，半个交食年与六个朔望月仅相差四天左右，故此处说“过六个月应予以考察”。月食和日食都符合这种情况，此处说“日食出现后满十二个月应予以考察”，不够严密。

〔**译文**〕 另法：从罗睺头或尾中减去三十一弧刻四十一分四息二十三分之十，就会确切无疑。以此数与体系派的日月行度（指黄经）相较，看哪个近些，这是《日光论》的方法。

〔**译解**〕 这就是说，在写作《日光论》的时代（18 世纪初），藏族学者们已经认识到历元时将黄白升交点定在春分西 100 个月的值尚太小，还需作出三十一弧刻多的改正。据现代实测，这 31 弧刻的改正值已嫌太小，大约要作 43 弧刻的改正。或者罗睺基数不加 100 月，而应改加 106 月。

〔**译文**〕 这两种方法经学者们多次仔细考核，《日光论》所说大多准确。但是两种方法都应很好地考查，再做论断，有不少人因武断而生错误。

## 5.05

〔**译文**〕 月食的食分与延经时刻。

（按照《日光论》的方法）看罗睺头尾哪个与十五日的体系派的太阴日月宿相近，以小减大，余数宿位为零，弧刻在五十以下者必定有食。

大小相减后的弧刻除以五，以商数查表 5–1 即得食分大小和交食时延经刻分。

**表 5–1 食分表**

| 数 值 | 1、2、3 | 4 | 5 | 6 | 7 | 8 | 9 | 10 |
|---|---|---|---|---|---|---|---|---|
| 食分 | 全食 | 只剩白边 | 只剩六分之一 | 三分之二 | 半食 | 三分之一 | 六分之一 | 八分之一 |
| 罗睺头<br>食延刻分 | 16<br>0 | 15<br>48 | 13<br>20 | 11<br>0 | 8<br>0 | 5<br>20 | 2<br>40 | 2<br>0 |
| 罗睺尾<br>食延刻分 | 15<br>0 | 14<br>38 | 12<br>30 | 10<br>0 | 7<br>30 | 5<br>0 | 2<br>30 | 1<br>53<br>3 |

〔**译解**〕 50 弧刻相当于 11.1°，即月亮出现在黄白交点前后 11.1° 的范围以内时必定有月食发生。全食延经刻分达到 5 个小时以上，太大了一些。

## 5.06

〔译文〕 求方位。

以（太阴日）月（宿）减罗睺头，或以劫火（罗睺尾）减月（宿）者，夜半从东方起食，上半夜近北，下半夜东南偏东（东上）。

以头减月或以月减尾者：夜半从东南，黄昏从近东，黎明从东南近东起食。

（月宿与罗睺）大小相等者：夜半从正东，黄昏从东北，黎明从东南近东起食。

〔译解〕 表解如下：

**表 5–2　起食方位表**

| | 黄昏、上半夜 | 夜半 | 下半夜、黎明 |
|---|---|---|---|
| 罗睺头＞月黄经<br>罗睺尾＜月黄经 | 东北偏北 | 东北 | 东北偏东 |
| 罗睺＝月黄经 | 东北 | 正东 | 东南偏东 |
| 罗睺头＜月黄经<br>罗睺尾＞月黄经 | 东南偏东 | 东南 | 东南偏东 |

〔译解〕 关于入食方位的讨论，见《藏传时轮历原理研究》第 5 节。

〔例一〕

**表 5–3　入食方位表**

| | 宿 | 弧刻 | 分 | 息 | 第五位 |
|---|---|---|---|---|---|
| 太阴日月宿 | 13 | 17 | 39 | 2 | 28/67 |
| 罗睺头 | 11 | 54 | 54 | 4 | 16/23 |
| 罗睺尾 | 25 | 24 | 54 | 4 | 16/23 |

月宿距罗睺头较近，相减得 1 宿 23 弧刻，大于 0 宿 50 弧刻，判断为无食。

〔**例二**〕

**表 5–4 入食方位表**

| | 宿 | 弧刻 | 分 | 息 | 第五位 | 第六位 |
|---|---|---|---|---|---|---|
| 月亮黄经 | 23 | 6 | 2 | 1 | 9/67 | 64/707 |
| 升交点黄经 | 9 | 55 | 10 | 2 | 14/23 | |
| 降交点黄经 | 23 | 25 | 10 | 2 | 14/23 | |

月亮距降交点较近，相距 0 宿 19 弧刻 8 分 1 息除以 5，大约得 4，查表得：只剩白边。食延 14 漏刻 38 分。

## 5.07

〔**译文**〕 时刻的修正。

交食都在白分黑分交替之际。

体系派的太阴日定曜的数值终了，即太阴日期交替之时。日、月交食必在此时。

实际推算中的要诀是：以前一天的太阴日数值（译注：即 14 日的定曜）去减六十，与当日的太阴日数值（即 15 日的定曜）相加（成一完整的太阴日长度），其和必在五十四至六十四之间，以之检 5.05 节表 5–1，以检得之数加于该日曜位、刻位，终了后交食云。

〔**译解**〕 60 漏刻减 14 日的定曜表示上一个太阴日在该日所

占有的时刻。再与 15 日的定曜相加表示当日的太阴日长度。

表 5-5 和数表

| 和数 | | 64 | 63 | 62 | 61 | 60 | 59 | 58 | 57 | 56 | 55 | 54 |
|---|---|---|---|---|---|---|---|---|---|---|---|---|
| 再加 | 刻 | 5 | 4 | 4 | 3 | 3 | 原表无 | 2 | 2 | 1 | 1 | 0 |
| | 分 | 0 | 30 | 0 | 30 | 0 | | 30 | 0 | 30 | 0 | 0 |

〔**译文**〕 全食时红色，头食时深红，尾食时浅红，食分小者青黑色，觜参两宿上食者天青色。

〔**例二**〕 按前面第三章的方法推得七月十四日的“定曜”为：

四曜 三十二漏刻，0 分，四息$\frac{13}{67}$ $\frac{33}{707}$

$60^{q}-32^{q}0'\ 4''\ 13'''\ 33'''' = 27^{q}59'\ 1''$

加 15 日定曜 $+\ 25^{q}56'\ 3''$

$53^{q}55'\ 5''$

$53^{q}55'$ 极接近于 $54^{q}$，检表得 $0^{q}0'$，无可加者，仍为 $25^{q}56'\ 3''$ =10 时 24 分。

时轮历系从天明算起应加 6 小时则拉萨食甚时刻为 16 时 24 分。

〔**参考资料**〕 奥波尔（Oppolzer）日月食典

1979 年 9 月 6 日，月全食，食分:13.4，食甚时刻:$10^{h}54^{m}$（格林威治时间），拉萨在东经 91° 8′，化时为 $6^{h}6^{m}$。相加得 17 时正。

误差为 36 分。

## 5.08 推日食法

以体系派的三十日的定日和经过“移加”（按：指 5.04 节所

说的经验修正值减去 31 弧刻 41 分 4 息$\frac{10}{23}$)之后的罗睺头尾相较，看与何者相近，以小减大。

以罗睺头减定日后，差数之宿位为零，弧刻在五十以下者必定有食。

以定日减罗睺头，差数刻位在五以下者，虽然有人认为有食，但这种“颠倒”的情况（按：指太阳黄经反而较小）不可能有食。

以罗睺尾减定日，差数宿位为零，刻位在八以下，则虽“颠倒”，仍可能有食。

以定日减罗睺尾，差数宿位为零，刻位在四十以下，必有食。

总之，尾食时不定（日分大小皆有可能），而头食时则日分必须大。

有人说，定日与罗睺减后之余数，头食则减，尾食则加，进位后减去半周，如各位均为零，必定有食，实际也不一定。

〔**例三**〕

| | | | | | | |
|---|---|---|---|---|---|---|
| | $22^k$ | $46^q$ | $26'$ | $0''$ | $12'''$ | 罗睺尾 |
| − | | 31 | 41 | 4 | 10 | 移加值 |
| | 22 | 14 | 44 | 2 | 2 | 罗睺尾修正值 |
| − | 21 | 47 | 35 | 4 | 62 | 定日 |
| | $0^k$ | $27^q$ | $8'$ | | | 罗日距 |

**5.09**

〔**译文**〕 书中说：“据前辈实况记录的经验，交食的数值如出现在两至（夏至、冬至）[1]前后又接近日出或日没，春分正午前，

[1] 校订者吉毛卓玛根据译解将“两至（夏至、冬至）”修改为“二分（春分、秋分）”。

秋分正午后时必定有食，此外的中间时刻则需研究。”

〔**译解**〕 这一段引自《日光论》，作者本身于此未做肯定。藏历研究所的《历算基本知识》第 24 页用了另一种形式的说法：“冬至夏至前后如推得的时间在中午附近则靠不住。”

由于不同季节黄道高度不等，这就影响到视差的数值，中国传统历法中称之为气差，冬至视差大，夏至视差小。此处冬夏至并提，似不可解。又同一天中不同时刻的视差不等，距午时刻越大视差越大，中国传统历法中称之为刻差。升交点和降交点在午前和午后也是有所不同，此处混为一谈，也不可解。

## 5.10

〔**译文**〕（本章 5.08 节所讲的）大小相减后的差数，罗睺头入食者如为二十二或三十三弧刻，罗睺尾食者如为十九或二十弧刻则是全食。比此两数大或小者，食分按比例减小，所以要研究后再说。

**表 5–6　日食食分表**

| 日食食分 | | 12 | 11 | 10 | 9 | 8 | 7 | 6 | 5 | 4 | 3 | 2 | 1 |
|---|---|---|---|---|---|---|---|---|---|---|---|---|---|
| 以头减日 | 1—4 刻相同 | 4<br>10 | 8<br>20 | 12<br>30 | 16<br>40 | 20<br>50 | 25<br>0 | 29<br>10 | 33<br>20 | 37<br>30 | 41<br>40 | 45<br>50 | 50<br>0 |
| 以尾减日 | | × | × | × | × | 1<br>0 | 2<br>0 | 3<br>0 | 4<br>0 | 5<br>0 | 6<br>0 | 7<br>0 | 8<br>0 |
| 以日减尾 | 1—3 刻相同 | 3<br>20 | 6<br>40 | 10<br>0 | 13<br>20 | 16<br>40 | 20<br>0 | 23<br>20 | 26<br>40 | 30<br>0 | 33<br>20 | 36<br>40 | 40<br>0 |

〔**例三**〕 以日减尾得 27 弧刻 8 分，按比例食分应为$\frac{10}{12}$较准。如按此表则食分为$\frac{5}{12}$。

## 5.11

〔**译文**〕 行食时间之长短，因（食分分为十二分）每分占一漏刻，所以半食延经六漏刻，全食延经十二漏刻，其他类推。

〔**详解**〕一漏刻等于二十四分钟，六漏刻为二小时廿四分，十二漏刻为四小时四十八分。比实际为大。

〔**例三**〕 食分$\frac{10}{12}$，行食时间为 4 小时。

〔**译文**〕 入食方位：

以罗睺头或尾减定日者，中午从西南，上午（西南）近南，下午（西南）近西。

以定日减罗睺尾者，中午从西北，上午（西北）近北，下午（西北）近西。

〔**例三**〕 系以定日减罗睺尾，时间为 0 曜 17 漏刻 3 分。见 3.11 节例三定曜。时轮历自天明起一昼夜为 60 漏刻，午正在 15 漏刻。17 漏刻约为 12 点 50 分，距中午不远，故应是从西北方入食。

〔**参考资料**〕《1980 年天文普及年历》2 月 16 日日全食，拉萨食分 0.77，食甚 18 时 28 分 20 秒，此算例时间的误差为 5 个半小时。

## 5.12

〔**译文**〕（见食的）时间：自天明起至体系派的太阴日，数值结束时（按：指望或合朔的时刻）行食（按：意为食甚）。体系派的太阴日数值有误差，应加改正值，如（5.07 节）讲月食所说。

体系派的曜位下的漏刻如小于这一天的昼长，那么，虽出现有月食的数值，除全食外，亦不易看见。三十日的曜下刻数，如大于这一天的昼长，虽出现应有日食的数值，亦不能见。

**表 5–7　首日昼夜长表**

| 月份 | 2 | 3 | 4 | 5 | 6 | 7 | 8 | 9 | 10 | 11 | 12 | 1 |
|---|---|---|---|---|---|---|---|---|---|---|---|---|
| 首日昼长<br>刻分 | 30<br>0 | 31<br>10 | 32<br>20 | 33<br>30 | 32<br>20 | 31<br>10 | 30<br>0 | 28<br>50 | 27<br>40 | 26<br>30 | 27<br>40 | 28<br>50 |
| 首日夜长<br>刻分 | 30<br>0 | 28<br>50 | 27<br>40 | 26<br>30 | 27<br>40 | 28<br>50 | 30<br>0 | 31<br>10 | 32<br>20 | 33<br>30 | 32<br>20 | 31<br>10 |

## 5.13

〔**译文**〕 颜色：尾食者红色，头食红黑色，食分小者青黑色，全食红色，半食红黑色，犏参上食者青白色。

〔**译解**〕 犏参上食意味着冬至见食。

〔**译文**〕 日食如只食二、三分，不易见。日光伤目，观察时用有色器皿，内盛清水，于无风处，观察其中日轮之影像。

同时还应以著名的作用派的（罗睺）头尾考察为要。

体系派的日期的重缺（见 3.16 节），东西两方山陵高低，昼夜长短等都应考虑。

## 5.14

〔**译文**〕 讨论不同情况。

有人说：体系派的望或晦如为缺日则无日月食，但实际记录中也见过几个缺望、晦日而出现交食的情况。

第十四胜生周甲戌年（公元1814年）五月三十日日食，脱思麻此地（安多地区）见稍过半食，推算结果也如此，而卫藏（前后藏）则出现全食，白昼见星，犹如黑夜。又第十四胜生周癸未年（公元1823年）霍尔八月廿二日夜出现月食，这是偶然现象，除去这样个别的例外，一般按本法推算皆能无误。

〔**译解**〕 拉萨新版此处加了几句：

如果望晦为缺日，或太阴日数值大，则可能是月食在十六日天将明时，日食在初一日日出前后。

查奥波尔子日月食典7201号日食，公历1814年7月17日全食带经过东经90°，北纬30°处，拉萨正在全食带内，本书著者所在的青海省玛沁县（原为同德县辖）拉加寺在东经101°弱，北纬35°弱，见稍过半食的这项记载是正确的。后一项记载则不可解。

## 5.15

〔**译文**〕 佛于显密经教多处垂示，月食时善恶作用增长七俱胝倍，日食时增长十万俱胝倍，此土虽不见食，他洲见食者亦能增长。是故一切明智之士，凡际此刻，皆应加行修习生起、圆满次第、入尊诸法，以及念诵、朝山、布施、放生等善事。

交食占象：曜宿属火、风者主凶，属土、水者主吉，果象虽凶而在初一、二、三、四日四天之前降雨雪者则凶化为吉。

昔者释迦牟尼于氐宿月望日夜间证佛果时，适值罗睺入食月轮。现今诸多大士亦复如是，登密道之阶梯，升三身之高堂，外时轮罗睺入食日月，内时轮红白种子遇合，别时轮乐空无二，生稀有之极大喜悦。

谨以心莲奉持此规范，通俗讲解罗睺交食法，愿此功德使我躯体内，日月亦成尊胜罗睺食。

妙德本初佛祖经中，外时轮品历法数值推算要诀——众种法王精要之第五章，罗睺与交食终。

# 第六章　五　曜

## 第一节　按太阳日推算法

### 6.01

〔**译文**〕 第十四胜生周丁亥年为历元，积月乘以 30 加所求日日期，重张三位，中位恒加 23，下位恒加 539，下位除以 707，商数加于中位后，除以 64，以商得之整数减上位，得数名为以太阳日表示的共同积日，简称“公积日”。

〔**译解**〕 所求日距历元的总积日，五曜共用，故名公积日。有太阳日、太阴日、宫日三种算法。当用宫日或太阴日表示时，须另外标名为“公积宫日”或“公积太阴日”。

积月 × 30 得公积太阴日 L，

$$L-\frac{L}{64}=L\left(1-\frac{1}{64}\right)=\frac{63}{64}L=$$ 公积太阳日。

$\frac{63}{64}$近似于$\frac{11135}{11312}$，这就是除以 64 的道理。

## 6.02　验算

〔**译文**〕置公积日，重张两位，其一加 3，除以 7，看商余与值日曜次是否相符，相符者即为准确。不符时，少者加一，多者减一，这样调整后叫作“验日”或已核日，即五曜公积太阳日数。

〔**译解**〕汉族通常以月曜日为星期一，时轮历中 1 代表日曜，2 为月曜，0 为土曜，有所不同，须注意。

## 6.03　求“殊日”

〔**译文**〕置公积日，重张五位，火曜恒加 39，木曜恒加 2091，土曜恒加 2055，水曜公积日乘 100 后恒加 2494，金曜乘 10 后恒加 1272，再除以各自的（公转）周期：火曜 687，木曜 4332，土曜 10766，水曜 8797，金曜 2247，其商余即各自的“殊日”。

〔**译解**〕殊日即五曜过白羊宫首后已运行的日数。五曜各不相同，故名“殊日”。

## 6.04

〔**译文**〕求三武曜（外行星）的“迟行中数”。

置五曜的“殊日”，分别乘以 27（宿），除以各自的周期，即火 687，木 4332，土 10766，取其商余，依次乘以 60，60，6，再除以各自的周期，（退至息位）记其商数，（息位之）商余，分别乘以各自子位之分母，即：火 229，木 361，土 5383。再除以各自的周期，应除尽无余数。这些（商数）就是三武曜的“迟行中数”。

〔**译解**〕 圆周长 27 宿 ÷ 周期 = 每日所行弧长。每日所行弧长 × 距春分点日数 = 所求日行星距春分点弧长。诸曜从其各自的诞生宿（远地点）起，以其本身行在宫宿背景中运动的数值，因尚未计入盈缩成分“迟步”的一个中间步骤，所以叫作“迟行中数”，简称“中迟”，即所求日该曜以其本身行运动所达之点距白羊宫首的弧长。

为与下文 6.18 节所说的四种行中的快行、慢行区别，故译为迟行、疾行。

## 6.05 求两文曜（内行星）“检步”

〔**译文**〕 水曜的殊日乘以 27，60，60，6，除以 8797，（依次退位）记其（各位之）商数及（息位之）商余，即得水曜之“引检步数”。

金曜的殊日乘以 27，60，60，6，除以 2247，（息位之）商余乘以 749，再除以 2247，除尽无余数。记各级商数，得金曜之“引检步数”。

〔**译解**〕 武曜之迟行中数和文曜的引检步数，即所求日该曜距春分点的弧长。引检步数值减去迟行中数后，为检迟行步度盈缩表用的引数，故名“检步”。

水曜只求四位，至息位为止，其商余即作为分子。

## 6.06　求三武检步、两文中迟[①]

〔译文〕置公积日乘18382[②]，恒加6220155[③]，除以6714405，依次乘以27，60，60，6，149209，除以6714405，除尽无余数，（各位商数）即是三武检步，两文中迟。

〔译解〕①此数即“中日”（太阳的平黄经）五曜之宿、刻、分、息，四位均相同，只有子位不同，故未分说。运算时仍应分别标出。三武曜之子位最好在这一步中就化出第六位，以免记入得数表后又要更改。两文曜之子位则可待算出迟行定数后再化。

② $\frac{18382}{6714405}=\frac{1}{365.27064}$即用周年除周天，得每日平行度。

$$4^{q}.4350676=4^{q}26'\ 0''\frac{93156}{149209}$$

③此恒加数即是下节的恒加数25，0，45，0，62370

$$\frac{6220155}{6714405}=0.9263896=25^{d}0^{q}45'\ 0''\frac{62370}{149209}$$

$\frac{\text{积日}\times 18382+6220155}{6714405}=\text{积日}\div 365.27064+\frac{6220155}{18382}\div$ 365.27064

商余×圆周长÷周年=该日太阳的行度

## 6.07

〔**译文**〕 又法：置未加（入当月日期）之公积日，重张五位，乘以 0，$4^{q}$，26′，0″，93156/149209（即每一太阳日中太阳所行弧度，见 9.21 节），恒加 25，0，45，0，62370[①]，自下而上除以 149209，6，60，60，27，依次进位，取各位余数，名为太阳日的太阳基数。

太阳日的太阳基数再加本章表 6–1 中 14 日或 15 日、29 日或 30 日的数字，进位后亦得“三武检步、两文中迟”。加时究竟用表中哪一天的数字？一看所求日是望日还是晦日，二看求公积日时，64 除后之商余而定。此商余如小于 15（包括 15 在内）在公积日数字下标以 × 符，推望日时加 14 日之数[②]，推晦日时加 29 日之数字。加毕，将 × 符擦去。64 除得之商余如大于 15（即在 16 以上）则加 15 日或 30 日的平行数（亦得三武检步，两文迟中）[③]，如表 6–1 所示。

〔**译解**〕 ①此恒加数与 3.04 节、4.04 节均不同。

② 64–15=49，闰余 49 时有闰，故用表中 14 日数值。

③此法比 3.04、3.05 两节之法复杂，但运算数字较短。据桑珠先生讲：此法是指推所求日之前半个月的公积日时，64 除后之余数，例如所求日为 2 月 30 日，则用 2 月 15 日的，如推 2 月 15 日的，则用 1 月 30 日的。否则不符。

表 6–1　太阳所行弧度表

| 日期 | 1 | 2 | 3 | 4 | 5 | 6 | 7 | 8 | 9 | 10 | 11 | 12 | 13 | 14 | 15 |
| --- | --- | --- | --- | --- | --- | --- | --- | --- | --- | --- | --- | --- | --- | --- | --- |
| 宿 | 0 | 0 | 0 | 0 | 0 | 0 | 0 | 0 | 0 | 0 | 0 | 0 | 0 | 1 | 1 |
| 刻 | 4 | 8 | 13 | 17 | 22 | 26 | 31 | 35 | 39 | 44 | 48 | 53 | 57 | 2 | 6 |
| 分 | 26 | 52 | 18 | 44 | 10 | 36 | 2 | 28 | 54 | 21 | 47 | 13 | 39 | 5 | 31 |
| 息 | 0 | 1 | 1 | 2 | 3 | 3 | 4 | 4 | 5 | 0 | 0 | 1 | 2 | 2 | 3 |
| 149209 | 93156 | 37103 | 13059 | 74206 | 18153 | 111319 | 148412 | 148412 | 92359 | 36306 | 129462 | 73409 | 17356 | 110512 | 54459 |
| 日期 | 16 | 17 | 18 | 19 | 20 | 21 | 22 | 23 | 24 | 25 | 26 | 27 | 28 | 29 | 30 |
| 宿 | 1 | 1 | 1 | 1 | 1 | 1 | 1 | 1 | 1 | 1 | 0 | 1 | 2 | 2 | 2 |
| 刻 | 10 | 15 | 19 | 24 | 28 | 33 | 37 | 42 | 46 | 50 | 55 | 59 | 4 | 8 | 13 |
| 分 | 57 | 23 | 49 | 15 | 42 | 8 | 34 | 0 | 26 | 52 | 18 | 44 | 10 | 37 | 13 |
| 息 | 3 | 4 | 5 | 5 | 0 | 1 | 1 | 2 | 2 | 3 | 4 | 4 | 5 | 0 | 0 |
| 149202 | 147615 | 91562 | 35509 | 128665 | 72612 | 16559 | 109715 | 53662 | 146818 | 90765 | 34712 | 127868 | 71815 | 15762 | 108918 |

## 6.08

〔译文〕 用累加法求五曜的“殊日”。

置前一个殊日，公积日有 × 符者加 14，无符者加 15。水曜和金曜须先分别乘以 100，10，再加 14，15。加后以各自的周期，即 687，4332，10766，8797，2247，除之，其商余即各曜之下一个殊日。

## 6.09

〔译文〕 求净行和迟行定数。

置三武曜的迟行中数，和两文曜的太阳日的“中日”，重张两位，其一减去诞生宫宿（远日点）火曜 9（星）宿 30 弧刻，水 16（房）宿 30 刻，木 12（轸）宿，金 6（井）宿，土 18（尾）宿。不足减时加宿周 27 再减，其差如满半周（13 宿 30 刻）则减去，减后宿位乘 60，加于刻位，除以 135，以其商数检《五曜迟行步度表》勿使有误。

## 6.10

〔译文〕（迟行步度表之构成为）火 25、18、7，水 10、7、3，木 11、9、3，金 5、4、1，土 22、15、6。再颠倒之共成六位。前步系加速，后步系减速。“积”是步度盈缩累积的总和，以弧刻为单位，如表 6–2 所示。

**表 6-2　五曜迟行步度表**

| | | 火曜 | | | 水曜 | | | 木曜 | | | 金曜 | | | 土曜 | | |
|---|---|---|---|---|---|---|---|---|---|---|---|---|---|---|---|---|
| | | 检步 | 乘数 | 积步 | 检步 | 乘数 | 积步 | 检步 | 乘数 | 积步 | 检步 | 乘数 | 积步 | 检步 | 乘数 | 积步 |
| 前步 | | 1 | 25 | 25 | 1 | 10 | 10 | 1 | 11 | 11 | 1 | 5 | 5 | 1 | 22 | 22 |
| | | 2 | 18 | 43 | 2 | 7 | 17 | 2 | 9 | 20 | 2 | 4 | 9 | 2 | 15 | 37 |
| | | 3 | 7 | 50 | 3 | 3 | 20 | 3 | 3 | 23 | 3 | 1 | 10 | 3 | 6 | 43 |
| 后步 | | 4 | 7 | 43 | 4 | 3 | 17 | 4 | 3 | 20 | 4 | 1 | 9 | 4 | 6 | 37 |
| | | 5 | 18 | 25 | 5 | 7 | 10 | 5 | 9 | 11 | 5 | 4 | 5 | 5 | 15 | 22 |
| | | 0 | 25 | 0 | 0 | 10 | 0 | 0 | 11 | 0 | 0 | 5 | 0 | 0 | 22 | 0 |
| 诞生宫宿 | | 9，30 | | | 16，30 | | | 12，0 | | | 6，0 | | | 18，0 | | |

## 6.11

〔**译文**〕 以“检步”旁下一栏中的数字（损益率）遍乘刻位至子位，如遇“未过”则用第一步（即最上一行）乘之，然后从子位起进位，子位的分母:火曜229，木曜361，土曜5383，水曜、金曜均为149209，然后以6，60除之，进至刻位，除以135，其商数为净行（弧刻）数，商余乘60加于分位，除以135，得其分数，商余乘6，加于息位，除以135，得其息数，商余分别乘以各曜子位之分母：火曜229，木曜361，土曜5383，水曜、金曜149209，加于子位，除以135，得净行之子位。除尽无余数。

净行刻位及其以上各位，(与以检步表查得之盈缩积或加或减）前步者加，后步者减。再与（重张之另一位即）各自迟行中数加减:已减半周者加,未减半周者减。得数即(各曜之)迟行定数。

〔**译解**〕 迟行定数是五曜以其“本身行”从其诞生宫开始，在宫宿中做不等速运动所达到的方位。为以太阳为中心的五星的真位置。但是对地球上的观测者而言,尚须进行因太阳视运动（天文学术语，是一种人的观测表示。实际上是地球作为行星而绕着太阳这颗恒星转）所引起的改变值。

## 6.12

〔**译文**〕 求疾行定数。

为使迟行定数与检步数之子位通分，三武曜取其相当于“中日”之检步数之子位，分别乘以其各自的分母：火曜229，木曜

361，土曜 5383，两文曜则取其迟行定数之子位，分别乘以其分母：水曜 8797，金曜 749。然后五曜一律除以 149209，商数为“本身子位”（即第五位），商余为 149209 的分子，共成六位。

## 6.13

〔**译文**〕 取各自的“迟行定数”，重张两位，以三武曜的五位的迟行定数减六位的检步中日数，最下位无可减（就不必减了，保留原数）。以两文曜的六位的迟行定数减五位的检步数时，则须从上位（即第五位）退一，化成 149209 而减，不足减者加 27 再减。减后差数如满半周（13 宿 30 弧刻）则减去。以减余宿位数引检《疾行步度表》。

〔**译解**〕 这一步骤的意义是从太阳的位置减去行星相对于太阳的黄经，来确定行星相对于地球的方位。

## 6.14

〔**译文**〕 查表时凡未减半周者为依序顺行，查左栏，自上而下；已减半周者为不依序逆行，查右栏，自下而上。随将此引检宿序擦去（不用保留）。

逆序者，减半周后宿位如为零，而刻位又在 30 以上，则（刻位）加 30（30 以下者不加）。（除此以外）逆行者宿位只要不是零，直至逆行未毕（即：从 1 至 13 无论何数）即使刻位不足 30，亦皆加 30。

〔**译解**〕 逆序时一般刻位皆加30，唯宿位为零，刻位又小于30时为例外，不加30。因加后亦不足60，不能进位。顺行者则一律不加。

加30的具体例见例题（一）求水曜疾行定数。

**表6–3　刻位、宿位修正表**

| 宿位＼刻位 | | ＜30 | ＞30 |
|---|---|---|---|
| 逆行 | 1—13 | +30 | +30 |
| | 0 | 不加 | +30 |
| 顺行 | 0—13 | 不加 | 不加 |

### 6.15

〔**译文**〕 疾行步度表的构成。

火曜的损益率:24，23，23，23，21，21，18，15，11，3，起点:11，38，80，53。

水曜的损益率:16，16，15，14，13，11，7，5，0，起点:4，11，20，28，34。

木曜的损益率:10，10，9，8，6，6，2，1，起点:3，6，6，11，16，7。

金曜的损益率:25，25，25，24，24，22，22，18，15，8，起点:6，30，99，73。

土曜的损益率:6，5，4，4，2，2，0，起点:2，4，5，6，8，3。

前步中某一盈缩积（积步）与损益率（乘数）相加，后步中则相减，即得下一个盈缩积。

表 6-4　6.13、6.14、6.15 节　疾行盈缩步度表

| 火曜 | | | | | 水曜 | | | | | 木曜 | | | | | 金曜 | | | | | 土曜 | | | | |
|---|---|---|---|---|---|---|---|---|---|---|---|---|---|---|---|---|---|---|---|---|---|---|---|---|
| 顺序 | 积步 | 乘数 | | | 顺序 | 积步 | 乘数 | | | 顺序 | 积步 | 乘数 | | | 顺序 | 积步 | 乘数 | | | 顺序 | 积步 | 乘数 | | |
| 1 | 24 | 24 | 0 | 0 | 1 | 16 | 16 | 0 | 0 | 1 | 10 | 10 | 0 | 0 | 1 | 25 | 25 | 0 | 0 | 1 | 6 | 6 | 0 | 0 |
| 2 | 47 | 23 | 24 | 13 | 2 | 32 | 16 | 16 | 13 | 2 | 20 | 10 | 10 | 13 | 2 | 50 | 25 | 25 | 3 | 2 | 11 | 5 | 6 | 13 |
| 3 | 70 | 23 | 47 | 12 | 3 | 47 | 15 | 32 | 12 | 3 | 29 | 9 | 20 | 12 | 3 | 75 | 25 | 50 | 12 | 3 | 16 | 5 | 11 | 12 |
| 4 | 93 | 23 | 70 | 11 | 4 | 61 | 14 | 47 | 11 | 4 | 37 | 8 | 29 | 11 | 4 | 99 | 24 | 75 | 11 | 4 | 20 | 4 | 16 | 11 |
| 5 | 114 | 21 | 93 | 10 | 5 | 74 | 13 | 61 | 10 | 5 | 43 | 6 | 37 | 10 | 5 | 123 | 24 | 99 | 10 | 5 | 24 | 4 | 20 | 10 |
| 6 | 135 | 21 | 114 | 9 | 6 | 85 | 11 | 74 | 9 | 6 | 49 | 6 | 43 | 9 | 6 | 145 | 22 | 123 | 9 | 6 | 26 | 2 | 24 | 9 |
| 7 | 153 | 18 | 135 | 8 | 7 | 92 | 7 | 85 | 8 | 7 | 51 | 2 | 49 | 8 | 7 | 167 | 22 | 145 | 8 | 7 | 28 | 2 | 26 | 8 |
| 8 | 168 | 15 | 153 | 7 | 8 | 97 | 5 | 92 | 7 | 8 | 52 | 1 | 51 | 7 | 8 | 185 | 18 | 167 | 7 | 8 | 28 | 0 | 28 | 7 |
| 9 | 179 | 11 | 168 | 6 | 9 | 97 | 0 | 97 | 6 | 前步 | | | 后步 | | 9 | 200 | 15 | 185 | 6 | 前步 | | | 后步 | |
| 10 | 182 | 3 | 179 | 5 | 前步 | | | 后步 | | 后步 | | | 前步 | | 10 | 208 | 8 | 200 | 5 | 后步 | | | 前步 | |
| 前步 | | | 后步 | | 后步 | | | 前步 | | 9 | 49 | 3 | 52 | 6 | 前步 | | | 后步 | | 9 | 26 | 2 | 28 | 6 |
| 后步 | | | 前步 | | 10 | 93 | 4 | 97 | 5 | 10 | 43 | 6 | 49 | 5 | 后步 | | | 前步 | | 10 | 22 | 4 | 26 | 5 |
| 11 | 171 | 11 | 182 | 4 | 11 | 82 | 11 | 93 | 4 | 11 | 34 | 9 | 43 | 4 | 11 | 202 | 6 | 208 | 4 | 11 | 17 | 5 | 22 | 4 |
| 12 | 133 | 38 | 171 | 3 | 12 | 62 | 20 | 82 | 3 | 12 | 23 | 11 | 34 | 3 | 12 | 172 | 30 | 202 | 3 | 12 | 11 | 6 | 17 | 3 |
| 13 | 53 | 80 | 123 | 2 | 13 | 34 | 28 | 62 | 2 | 13 | 7 | 16 | 23 | 2 | 13 | 73 | 99 | 172 | 2 | 13 | 3 | 8 | 11 | 2 |
| 0 | 0 | 53 | 53 | 1 | 0 | 0 | 34 | 34 | 1 | 0 | 0 | 7 | 7 | 1 | / | 0 | 73 | 73 | 1 | 0 | 0 | 3 | 3 | 1 |
| | | 乘数 | 积步 | 逆序 | | | 乘数 | 积步 | 逆序 | | | 乘数 | 积步 | 逆序 | | | 乘数 | 积步 | 逆序 | | | 乘数 | 积步 | 逆序 |

## 6.16

〔译文〕 检步数擦去时须记下盈缩积，以其旁栏下一行的损益率遍乘（检步数刻位以下的）各位数值。

检步数为零时取最上一栏的乘数。

子位之下一位（即第六位）以 149209 进位，其上一位以其本身的分母：火曜 229，水曜 8797，木曜 361，金曜 749，土曜 5383 及 6，60 依次进位，除以 60[①]得数为“净行刻数”，其商余乘 60 加于分位，再除以 60，得净行分数;其商余乘 6，加于息位，除以 60，得息数，再各以其本身的子位分母乘其商余，加于子位，除以 60，得本身的子位数，商余乘 149209 加于（第六）子位，除以 60，得 149209 的分子（即第六位分数）。至此大多除尽无余数（即使有余数，也极微小，可以弃去不用）。

〔译解〕 ①除以 60 是为了将宿余分化成刻位。

## 6.17

〔译文〕（特殊情况）顺序后步的最下一行与逆序前步的第一行之乘数（即损益率）其刻位在 30 以下者，以损益率乘之，再除以 30，或将此处之损益率乘 2 之后，再以之乘余数之各位，然后仍如一般情况一样，除以 60。水土两曜之损益率为零者则将被乘数擦去（即不必乘了），除积步（即盈缩积）的数值之外，没有“净行”等反盈缩值。

## 6.18

〔**译文**〕“净行”的刻以下各位与检表所得（盈缩积）之刻位加减，前步者加，后步者减，足 60 者进位为宿。（是为疾行盈缩前步）顺序者与各曜之迟行定数相加，逆序者由迟行定数中减去，不足减者加 27 再减，即得各曜之“疾行定数”。

〔**译解**〕疾行定数是五曜的迟行定数与疾行盈缩积之和（或差），表示该曜的迟行所达到的方位之上，再加入了其本身变速运动之后所达到的方位，即该行星的视方位的真黄经。

此处未减半周者为顺序，为正数；已减半周者为逆序，为负数，与前面 6.10 节相反。

## 6.19

〔**译文**〕顺序前步为快步东行，顺序后步为慢步南行，逆序前步为曲步西行，逆序后步为跃步北行。

快与慢二者表示（显乘的）方便与智慧，（慢、快、曲、跃）四种行表示（密乘的）四解脱门。

五曜皆有此四种行，皆在没入太阳之后，开始由各自之慢行转为快行，次第经过四种行回到慢行又没入太阳，然后又开始另一周的四种行，（如此循环不已）别无其他次第。

〔**译解**〕四解脱门为：空性三昧，无相三昧，无愿三昧，离戏论三昧。

### 6.20

〔**译文**〕 又法：五曜各自的“殊日”重张五位，三武曜乘以各自每一太阳日平行弧长（见第九章9.52，9.54，9.57，9.59及总结表）；两文曜乘以每一太阳日平行弧长的一百倍和十倍，按各自的各位分母进位，即得三武曜的迟行中数和两文曜的“疾行中数”（译者按：原文如此，似应为两文检步，即所求日该曜距春分点的弧长）。

公积日的64分子，乘以707，加入本身子位，再乘以5265，除以149209，得数为息位，余数乘以太阳日的“中日”的子位进位率227，加于149209的分子，除以149209，进位，即得（五曜共同的）太阳日的“中日”（按即6.06节所求）。

## 第二节 按宫日推算法

### 6.21

〔**译文**〕 求公积日。

第十四胜生周丁亥年起，计算积年，乘以12；又自角宿月起计算（当年内）已过月数。二者相加,即得宫日的积月（已过宫月，积宫月）。

推与所求日相应的宫月和宫日。宫日的积月退一，化为67的分子，减去太阴月的以65为分母的闰余。差数乘以30；再将所求日期乘以65。二者相加，除以67，得已过宫日，此数再加一，为“当日”，余数乘以 60，60，6，67，皆除以 67，记其整商数（漏刻、分、息等位）。

“当日”除以 30，以其商数加于上位（即积月退一），除以 12（用其商余）。这样自上而下，依次为已过宫数，和所求之“当日”和刻、分、息等。

宫日的积月乘以 30，加入此时的“当日”的日期，即得五曜的公积宫日数。

## 6.22

〔**译文**〕公积宫日重张五位，火曜（自上而下）乘以 0，2，23，3，77，1364；恒加 2，35，22，0，144，348；（自下而上）除以 9191，229，6，60，60，27，进位，其商余为火曜的迟行中数。

水曜乘以 0，18，41，0，5222，4796；恒加 15，54，25，3，4790，3299；除以 9191，8797，6，60，60，70，进位，其商余为水曜的检步数。

木曜乘以 0，0，22，4，431，682；恒加 13，12，0，2，602，174，除以 9191，722，6，60，60，27，其商余为木曜迟行中数。

金曜乘以 0，7，18，5，344，4449；恒加 18，30，54，4，448，3480；除以 9191，749，6，60，60，27，其商余为金曜的检步数。

土曜乘以 0，0，9，0，5187，2046；恒加 5，13，16，0，5250，522；除以 9191，5383，6，60，60，27，商余为土曜迟行中数。

## 6.23

〔译文〕 推所求宫日的“中日”。

置宫日的积月，乘以 30，加“当日”，重张三位（得公积宫日）。最上一位乘 0，刻位乘 4，分位乘 30，按 60、60、27 进位，即得三武曜的检步数和两文曜的迟行中数（即中日）。

## 6.24

〔译文〕 求迟行定数。

各曜迟行中数，减诞生宫宿（见本章 6.09 节）。不足减时加 27 再减，差数满半周（13 宿 30 刻）者减去，余数之宿位乘以 60，加入刻位，除以 135 以其商数检各自的迟行盈缩度表，方法同前（见本章 6.09 节）。将表内盈缩积的数值置于刻位，以其旁下一栏的数值乘其余各位。最下位（第六位一律）除以 9191，第五位的分母（各曜不同）火曜 229，木曜 722，土曜 5383，再往上，按 6、60 进至刻位。然后除以 135，所得商数为“净行”弧刻数。余数乘以 60，加于分位，除以 135（得数为分），两文曜除尽无余数；三武曜有余数时，（息位）以 6 乘之，再除以 135（第五位）以各自分母（229，722，5383），（第六位）一律以 9191 乘之，加入下位，皆再除以 135，（最后）应除尽无余数。

“净行”弧刻等位（与检表所得之盈缩积相加减），前步者加，后步者减。再与各自的迟行中数相加减，已减半周者相加，未减半周者相减，即得宫日的“迟行定数”。

## 6.25

〔**译文**〕 求宫日疾行定数时（第五、六位）不必通分，直接用迟行定数去减“检步”（中日），不足减者加 27 再减，差数（为该曜距太阳的弧度）满半周者减去，已减者为“逆序”（查表时自下而上），未减者为“顺序”（查表时自上而下）。

逆序者如够半宿（即 30 弧刻），刻位加 30，再除以 60，进位后以商数检疾行盈缩步度表，检得积步（盈缩积）与乘数（损益率）后，将引检宿数擦去，积步置于刻位。疾行步度表用法同太阳日（见本章 6.15、6.16 节）。以“旁下数”（损益率）乘其余各位（迟行中数的分、息、子），进位率最下位一律为 9191，以上三武曜的分母为（229，722，5383），两文曜的分母为（749，8797），再除以 6、60，商数为净行刻数，商余乘以 60，加入分位，除以 60，得分数，商余乘以 6，加入息位，除以 60，得息数，商余乘以各自的分母（229、8797、722、749、5383）再除以 60 得各自的子位，商余乘 9191，除以 60 得（第六）子位。

## 6.26

〔**译文**〕（特殊情况）顺序后步的最下一行（原注：第十三行，例如火曜的积步即盈缩积为 53 者），逆序前步的第一行之乘数即损益率之刻位在 30 以下者则除以 30（而不是除以 60）。或所有余数各位都乘以 2，仍除以 60 亦可。水土两曜检步数为零者（原注：顺序之第七、八行与逆序之第五、六行）商余各位皆擦去（不必乘了）。

### 6.27

〔**译文**〕“净行”刻及以下各位（与积步的刻位）前步者加，后步者减，满 60 进入宿位（得数名为疾行盈缩步）。此数与重张之另一（迟行定）数，顺序者加，逆序者减，即得疾行定数。

（慢、快、曲、跃）四种行等同前。

## 第三节 按太阴日推算法

**表 6–5 太阴日五曜用数表**

| | | 火 | 水 | 木 | 金 | 土 |
|---|---|---|---|---|---|---|
| 乘数（日平行） | 宿 | 0 | 0 | 0 | 0 | 0 |
| | 刻 | 2 | 18 | 0 | 7 | 0 |
| | 分 | 19 | 7 | 22 | 5 | 8 |
| | 息 | 1 | 3 | 0 | 4 | 5 |
| | 第五位分子 | 143 | 770 | 374 | 636 | 1738 |
| | 第六位分子 | 144 | 73 | 779 | 26 | 216 |

〔**译解**〕木曜第五位为$\frac{374}{722}$,第九章 9.54 节为$\frac{187}{361}$,二者相等。

**表 6–6 太阴日五曜用数表**

| | | 火 | 水 | 木 | 金 | 土 |
|---|---|---|---|---|---|---|
| 恒加数（历元所在） | 宿 | 1 | 7 | 13 | 15 | 5 |
| | 刻 | 31 | 32 | 1 | 14 | 9 |
| | 分 | 5 | 26 | 48 | 23 | 10 |
| | 息 | 2 | 3 | 5 | 0 | 0 |
| | 第五位分子 | 53 | 771 | 44 | 695 | 1832 |
| | 第六位分子 | 553 | 462 | 1260 | 581 | 476 |

续表

| | | 火 | 水 | 木 | 金 | 土 |
|---|---|---|---|---|---|---|
| 除数（进位率） | 宿 | 27 | 27 | 27 | 27 | 27 |
| | 刻 | 60 | 60 | 60 | 60 | 60 |
| | 分 | 60 | 60 | 60 | 60 | 60 |
| | 息 | 6 | 6 | 6 | 6 | 6 |
| | 第五位分母 | 229 | 8797 | 722 | 749 | 5383 |
| | 第六位分母 | 707 | 707 | 1414 | 707 | 707 |

## 6.28

〔**译文**〕 求太阴日的迟行定数。

置迟行中数，重张两位，其一减诞生宫宿，法同太阳日（见6.10），不足减者加27再减。差数满半周者减去，余数乘60，加入刻位，除以135，以商数引检《迟行盈缩步度表》（见6.13）。记下“积步”数（盈缩积），以其旁下栏中之乘数乘其余各位，最下一位的分母，火、土、木为707（依《白琉璃》，木为1414），其上一位（第五位）的进位率；（三武曜）按各自的分母（229、722、5383，《白琉璃》木曜为361）、水金两曜则同按67进位，再上按6，60进位后，除以135，得“净行”刻数；余数乘以60，加于分位，除以135；余数乘以6，加于息位，再除以135，得息数。其余数，两文曜皆乘以67，除以135，除尽无余数；三武曜则乘以各自的分母（229，722，5383）除以135，得“自身子位”，余数火、土乘以707，木乘以1414，加于下一子位，除以135，得第六子位，除尽无余。前步者加，后步者减，（与重张之另一位迟行中数）已减半周者加，未减半周者减，即得迟行定数。

## 6.29

〔译文〕 求太阴日疾行定数。

先将检步数与迟行定数的各子位通分：三武曜的迟行定数的下两位（第五、第六两位）皆乘以67,其中的下一位（第六位）火、土两曜除以707，木曜（按《白琉璃》）除以1414,（商余为第七位之分子，整商数）进入上位（第五位），除以本身的分母（229，722，5383）商余为第六位的分子，整商为第五位分子，其分母为67，共成七位。

水、金两曜的检步数的下两位皆乘以67，再除以707和本身的分母（8797，749）得数为67的分子，连其商余共成七位。

## 6.30

〔译文〕 再以各自的迟行定数去减三武曜的检步中日和水、金两曜的检步数，不足减者加27再减，差数满半周者减去，其引检盈缩步的方法与按太阳日推算法相同。所得积步（盈缩积）记于刻位。以检步旁下数（损益率）乘其余各位数,下位（第七位）的分母除木曜用1414外，共他四曜均用707。中间的子位（第六位）三武曜两文曜皆用其本身的分母，再往上用67，6，60，收位，再除以60，商数为“净行”的刻数；商余乘60加于分位，除以60，商数为分位数，余数乘6（加入息位，除以60，得息数，余数乘以）67,（加入子位，除以60，为第5位，余数）再往上为中位，即第六位，用本身分母（229，722，5383，8797，749），下位（第七位）除木曜用 1414 外，其他均用 707 乘，加入子位（中之下位，即第七位）再除以 60，应除尽无余数，记其整商。然后前步者加，后步者减，满 60 者进入宿位。得数与重张的另一个迟行定数相加减，已减半周者减，未减半周者加，不足减者加一周（27）再减（得疾行定数）。

## 6.31

〔**译文**〕 又法：以被减数去减减数，即得此时的逆序数值，以之减 27，余数即顺序数值，如前。

以各种日的迟行定数去减各种日的检步数，不够减时，即是该曜向逆方向运动。

四种行的规律同前。

以上这些就是五曜仙人运动的规律，按三种不同的日计算的简易方法。

妙德本初佛祖经中，外时轮品历算数值推算要诀——众种法王精要之第六章，体系派三种日的五曜数值简易算法终。

## 例　题

时轮历第十六胜生周水虎年翼宿月三十日，公历 1962 年 4 月 4 日。

## （一）按太阳日推算

### 6.01　求公积日

时轮历以角宿月为岁首，翼宿月为前一年的第十二个月，按已过十一个月又三十日计算。

| | |
|---|---|
| 1961– 历元 1827=134 | 积年 |
| ［（134×12+11）×2+60］÷65=50 闰月……48 | 闰余 |
| 134×12+11+50=1669 | 积月 |
| 1669×30+30=50100 | 公积日（太阴日） |
| （50100+539）÷707=71……442 | |
| （50100+23+71）÷64=784……18 | |
| 50100–784=49316 | 公积日（太阳日） |

### 6.02　验算

（49316+3）÷7=7045……4　　值曜

按 1. 日，2. 月，3. 火，4. 水，5. 木，6. 金，0. 土的次序，值曜 4 为水曜日，即星期三。

与按第三章法求得之定曜相符，不必调整。

### 6.03　求殊日

（公积日 + 历元常数）÷ 恒星周期 = 整周……殊日

| | | |
|---|---|---|
| 三武曜 | 火曜 | （49316+39）÷687=71……578 |
| | 木曜 | （49316+2091）÷4332=11……3755 |
| | 土曜 | （49316+2055）÷10766=4……8307 |
| 两文曜 | 水曜 | （49316×100+2494）÷8797=560……7774 |
| | 金曜 | （49316×10+1272）÷2247=220……92 |

## 6.04　求三武曜迟行中数

由 6.03 已知殊日：

（1）火曜　$578^{d}\times 27^{k}\div 687^{d}=22^{k}\cdots\cdots 492^{q}$

$492^{q}\times 60\div 687=42^{q}\cdots\cdots 666'$

$666'\times 60\div 687=58'\cdots\cdots 114''$

$114''\times 6\div 687=0''\cdots\cdots 684$

$684'''\times 229\div 687=228'''\cdots\cdots 0$　　无余数

得火曜迟行中数为 $22^{k}42^{q}58'\ 0''\ 228'''$

（2）木曜

$3755\times(27,60,60,6,361)\div 4332=23^{k}24^{q}13'\ 2''\ 280'''$

（3）土曜

$8307\times(27,60,60,6,5383)\div 10766=20^{k}49^{q}59'\ 0''\ 3498'''$

## 6.05　求两文曜检步

（4）水曜　息位以下不另有分母

$7774\times(27,60,60,6)\div 8797=23^{k}51^{q}36'\ 3''\ 7737'''$

（5）金曜

$92\times(27,60,60,6,749)\div 2247=1^{k}6^{q}19'\ 4''\ 178'''$

## 6.06　求三武检步、两文迟中

由 6.01 已知公积日：

$(49316\times 18382+6220155)\div 6,714,405$

$=912,746,867\div 6,714,405=135\cdots\cdots 6,302,192$

$6302192\times(27,60,60,6,149209)\div 6,714,405$

$=25^{k}20^{q}32'\ 3''\ 147765'''$

## 6.07 求中日又法

1669（积月）× 30 不加入月日数 =50070

（50070+539）÷ 707=71……412

（50070+23+71）÷ 64=783……52

50070−783=49287　　　　　　　　　　　　月首公积日

（49287 × 0+25+3643）÷ 27=135……$23^{k}$

（49287 × 4+0+21443）÷ 60=3643……$11^{q}$

（49287 × 26+45+5128）÷ 60=21443……55′

（49287 × 0+0+30771）÷ 6=5128……3″

（49287 × 93156+62370）÷ 149209=30771……132003″′

得太阳日的太阳基数 $23^{k}11^{q}$55′ 3″ 132003″′

所求日为 30 日，其前半月为 15 日，求公积日 64 商余

1669（积月）× 30+15=50085

（50085+539）÷ 707=71……427

（50085+23+71）÷ 64=784……3

64 商余为 3，小于 15，故用表内 29 日栏数值 2,8,37,0,15762。

（$23^{k}$+$2^{k}$+0）÷ 27=0……$25^{k}$

（$11^{q}$+8+1）÷ 60=0……$20^{q}$

（55+37+0）÷ 60=1……32′

（3+0+0）÷ 6=0……3″

（132003+15762）÷ 149209=0……147765″′

得数与 6.06 法相符。

## 6.08　用累加法求半月后五曜殊日

由 6.03 节已知殊日：

火（578+15）÷ 687=0……593

木（3775+15）÷ 4332=0……3790

土（8307+15）÷ 10766=0……8322

水（7774+1500）÷ 8797=1……477

金（92+150）÷ 2247=0……242

## 6.10、6.11　求迟行定数

（1）火曜

由 6.04　$22^{k}42^{q}58'\ 0''\ 228'''$　迟行中数

$-\ 9^{k}30^{q}$　诞生宫宿

$13^{k}12^{q}=792^{q}$　未减半周

$792^{q}\div 135=5^{宫}\cdots\cdots 117^{q}$　后步

以 5 宫检表得积步 25，乘数（损益率）25，

$117^{q}58'\ 0''\ 228'''\times 25\div 135=21^{q}50'\ 4''\ 144'''$　净行

$25^{q}=\ 24^{q}59'\ 5''\ 229'''$　积步

后步，负数 －　$21^{q}50'\ 4''\ 144'''$　净行

未减半周，负数 －　$3^{q}\ 9'\ 1''\ \ 85'''$　迟步

$22^{k}42^{q}58'\ 0''\ 228'''$　迟中

$22^{k}39^{q}48'\ 5''\ 143'''$　迟定

（2）木曜

（$23^{k}24^{q}13'\ 2''\ 280'''-12^{k}0^{q}$）$\div 135$　未减半周

$=684^{q}\div 135=5^{宫}\cdots\cdots 9^{q}$　后步

以 5 宫查表得积步 11，乘数 11，

$9^{q}13'\ 2''\ 280''' \times 11 \div 135 = 0^{q}45'\ 0''\ 210'''$ 净行

$11^{q} = 10^{q}\ \ 59'\ \ 5''\ \ 361'''$ 积步

后步，负数 $-\ \ 0^{q}\ \ 45'\ \ 0''\ \ 210'''$ 净行

未减半周，负 $-\ \ 10^{q}\ \ 14'\ \ 5''\ \ 151'''$ 迟步

$23^{k}24^{q}\ \ 13'\ \ 2''\ \ 280'''$ 迟中

$23^{k}13^{q}\ \ 58'\ \ 3''\ \ 129'''$ 迟定

（3）土曜

$(20^{k}49^{q}59'\ 0''\ 3498''' - 18^{k}0^{q}) \div 135 = 1^{宫} \cdots\cdots 34^{q}$ 未减

以 1 宫查前步表得积步 22，乘数 15

$34^{q}59'\ 0''\ 3498''' \times 15 \div 135 = 3^{q}53'\ 31''\ 2183'''$ 净行前步，正数

$22^{q} + 3^{q}53'\ 31''\ 2183''' = 25^{q}53'\ 31''\ 2183'''$ 迟步，未减，负数

$20^{k}49^{q}59'\ 0''\ 3498''' - 0^{k}25^{q}53'\ 31''\ 2183'''$

$= 20^{k}24^{q}5'\ 5''\ 1315'''$ 迟行定数

（4）水曜

$25^{k}\ \ 20^{q}\ \ 32'\ \ 3''\ \ 147765'''$ 迟中

$-\ \ 16^{k}\ \ 30^{q}$ 诞生宫宿

$8^{k}\ \ 50^{q} \div 135 = 3^{宫} \cdots\cdots 125^{q}$ 未减半周

以 3 宫检表得积步 20，乘数 3，

$125^{q}32'\ 3''\ 147765''' \times 3 \div 135 = 2^{q}47'\ 2''\ 53020'''$ 净行

$20^{q} = 19^{q}\ \ 59'\ \ 5''\ \ 149209'''$ 积步

$-2^{q}\ \ 47'\ \ 2''\ \ 53020'''$ 净行

$-17^{q}\ \ 12'\ \ 3''\ \ 96189'''$ 迟步

$25^{k}\ \ 20^{q}\ \ 32'\ \ 3''\ \ 147765'''$ 迟中

$25^{k}\ \ 3^{q}\ \ 20'\ \ 0''\ \ 51576'''$ 迟定

（5）金曜

| | | |
|---|---|---|
| $25^{k}$ $20^{q}$ $32'$ $3''$ $147765'''$ | | 迟中 |
| $-$ $6^{k}$ $0^{q}$ | | 诞生宫宿 |
| $(19^{k}\ 20^{q}-13^{k}\ 30^{q})\div 135=3^{宫}\cdots\cdots 80^{q}$ | | 已减半周 |

以 2 宫检表得积步 9，乘数 1，

$80^{q}32'\ 3''\ 147765'''\ \times 1\div 135=0^{q}35'\ 4''\ 117146'''$ 净行

| | |
|---|---|
| $9^{q}$ | 积步 |
| $+$ $0^{q}$ $35'$ $4''$ $117146'''$ | 净行 |
| $+$ $9^{q}$ $35'$ $4''$ $117146'''$ | 迟步 |
| $25^{k}$ $20^{q}$ $32'$ $3''$ $147765'''$ | 迟中 |
| $25^{k}$ $30^{q}$ $8'$ $2''$ $115702'''$ | 迟定 |

## 6.12—6.17 求疾行定数（视方位的真黄经）

（1）火曜

| | 宿 | 弧刻 | 分 | 息 | /229 | /149209 | |
|---|---|---|---|---|---|---|---|
| 由 6.06 通分 | 25 | 20 | 32 | 3 | 226 | 116951 | 检步，中日 |
| 由 6.10 | −22 | 39 | 48 | 5 | 143 | | 迟行定数 |
| | ←2 | 40 | 43 | 4 | 83 | 116951 | 未减半周 |
| 检 | 乘数→ × | 23 | | | | | |
| 表 | 60 | 920 | 989 | 92 | 1909 | 2689873 | |
| 前步，正数 | + | 15 | 36 | 4 | 131 | 55291 | 净行 |
| | → | 47 | | | | | 积步 |
| 顺行正数 | + | 62 | 36 | 4 | 131 | 52291 | 疾行盈缩步 |
| 由 6.10 | 22 | 39 | 48 | 5 | 143 | | 迟行定数 |
| | 23 | 42 | 25 | 4 | 45 | 52291 | 疾行定数 |

火曜与虚宿并行

（2）木曜

| | 宿 | 弧刻 | 分 | 息 | /361 | /149209 | |
|---|---|---|---|---|---|---|---|
| | 25 | 20 | 32 | 3 | 357 | 75552 | 检步中日 |
| 由 6.01 | –23 | 13 | 58 | 3 | 129 | | 迟行定数 |
| | ←2 | 6 | 34 | 0 | 228 | 75552 | 未减半周 |
| 检 | 乘数→ | ×9 | | | | | |
| 表 | 60 | 54 | 306 | 0 | 2052 | 679968 | |
| 前步，正数 | | +0 | 59 | 0 | 250 | 130700 | 净行 |
| | → | 20 | | | | | 积步 |
| 顺行正数 | | +20 | 59 | 0 | 250 | 130700 | 疾行盈缩步 |
| 由 6.10 | 23 | 13 | 58 | 3 | 129 | | 迟行定数 |
| | 23 | 34 | 57 | 4 | 18 | 130700 | 疾行定数 |

木曜与虚宿并行（火木相会）

（3）土曜

| | 宿 | 弧刻 | 分 | 息 | /5383 | /149209 | |
|---|---|---|---|---|---|---|---|
| | 25 | 20 | 32 | 3 | 5330 | 135025 | 检步，中日 |
| | –20 | 24 | 5 | 5 | 1315 | | 迟行定数 |
| | ←4 | 56 | 26 | 4 | 4015 | 135025 | 未减半周 |
| 检 | 乘数→ | ×4 | | | | | 损益率 |
| 表 | 60 | 224 | 104 | 16 | 16060 | 540100 | |
| 前步，正数 | | +3 | 45 | 4 | 3856 | 58738 | 净行 |
| | → | 20 | | | | | 积步 |
| 顺行正数 | | +23 | 45 | 4 | 3856 | | 疾行盈缩步 |
| 由 6.10 | | 24 | 5 | 5 | 1315 | | 迟行定数 |
| | 20 | 47 | 51 | 3 | 5171 | 58738 | 疾行定数 |

土曜与斗宿并行

（4）水曜

| | 宿 | 弧刻 | 分 | 息 | 8797 | 149209 | |
|---|---|---|---|---|---|---|---|
| 由 6.06 | 23 | 51 | 36 | 3 | 7736 | 149209 | 检步，中日 |
| 由 6.10 通分 | −25 | 3 | 20 | 0 | 3040 | 118712 | 迟行定数 |
| | 25 | 48 | 16 | 3 | 4696 | 30497 | |
| | −13 | 30 | | | | | 已减半周 |
| | 12 | 18 | 16 | 3 | 4696 | 30497 | |
| 逆行 | + | 30 | | | | | |
| | ← 12 | 48 | 16 | 3 | 4696 | 30497 | |
| 检 | → | × 16 | | | | | 损益率 |
| 表 | 60 | 768 | 256 | 48 | 75136 | 487952 | |
| | | −12 | 52 | 2 | 4771 | 18079 | 净行 |
| | → | 32=31 | 59 | 5 | 8796 | 149209 | 积步 |
| | | −19 | 7 | 3 | 4025 | 131130 | 疾行盈缩步 |
| 由 6.10 | 25 | 3 | 20 | 0 | 3040 | 118712 | 迟行定数 |
| | 24 | 44 | 12 | 2 | 7811 | 136791 | 疾行定数 |

水曜与危宿并行

（5）金曜

| | 宿 | 弧刻 | 分 | 息 | /749 | /149209 | |
|---|---|---|---|---|---|---|---|
| | 1 | 6 | 19 | 4 | 178 | 0 | 检步中日 |
| 不足减逆行 | –25 | 30 | 8 | 2 | 580 | 119578 | 迟行定数 |
| | ←2 | 36 | 11 | 1 | 346 | 29631 | 未减半周 |
| 查 | → | ×25 | | | | | 损益率 |
| 表 | 60 | 900 | 275 | 25 | 8650 | 740775 | |
| 前步，正数 | + | 15 | 4 | 4 | 81 | 124253 | 净行 |
| | → | 50 | | | | | 积步 |
| 顺行正数 + | 1 | 5 | 4 | 4 | 81 | 124253 | 疾行盈缩步 |
| 由 6.10 | 25 | 30 | 8 | 2 | 580 | 119578 | 迟行定数 |
| | 26 | 35 | 13 | 0 | 662 | 94622 | 疾行定数<br>顺序前步 |

（金曜与壁宿并行）

## （二）按宫日推算（为节省篇幅只做火曜）日期同上

6.21 $1961-1827=134$ 积年

$134\times12+11=1619=1618\frac{67}{67}$ 宫日的积月，已过宫月

$(1619\times2+60)\div65=50\frac{48}{65}$ 闰月闰余

〔（67–48）×30+ 入月日数 30×65〕÷67

$=(570+1950)\div67=37\frac{41}{67}$ 已过宫日

$37\frac{41}{67}+1=38^{d}36^{q}42'5''61'''$ 当日

1618 × 30+38=48578　　　　　　　　公积宫日

6.22

| | 宿 | 刻 | 分 | 息 | /229 | /9191 | |
|---|---|---|---|---|---|---|---|
| | 0 | 2 | 23 | 3 | 77 | 1364 | 每宫日平行（参看9.52节） |
| | × 48578 | | | | | | 公积宫日 |
| | 0 | 97156 | 1117294 | 145734 | 3740506 | 66066080 | |
| | +2 | 35 | 22 | 0 | 144 | 348 | 历元常数 |
| | 22 | 43 | 12 | 4 | 45 | 2821 | 迟行中数 |
| | −9 | 30 | | | | | 诞生宫宿 |
| | 135　13 | $13^{q}$ | | | | | 不足半周未减 |
| | | 5 宫 | 12 | 4 | 45 | 2821 | 化宫度 |
| | | ⋮ | | | | | |
| | | $118^{q}$ | | | | | |
| | | × 25 | | | | | |
| | 135 | 2950 | 300 | 100 | 1125 | 70525 | |
| | | −21 | 53 | 2 | 178 | 182 | 净行 |
| | | 25 | | | | | 积步 |
| 未减半周，负数 | | −3 | 6 | 3 | 50 | 9009 | 迟行盈缩步 |
| | 22 | 43 | 12 | 4 | 45 | 2821 | 迟行中数 |
| | 22 | 40 | 6 | 0 | 223 | 3003 | 迟行定数 |

6.23　求火曜武步文迟，即中日。

（48578 × 0+3643）÷ 27=134…25 宿

（48578 × 4+24289）÷ 60=3643…21 刻

（48578 × 30）÷ 60=24289…0 分

| | | 宿 | 刻 | 分 | 息 | /229 | /9191 | |
|---|---|---|---|---|---|---|---|---|
| 6.23 | | 25 | 21 | 0 | 0 | 0 | 0 | 中日 |
| 6.24 | − | 22 | 40 | 6 | 0 | 223 | 3003 | 迟定 |
| 6.25 查 | ← | 2 | 40 | 53 | 5 | 5 | 6188 | 火曜距日 |
| 表 | → × | | 23 | | | | | 损益率 |
| | | 60 | 920 | 1219 | 115 | 115 | 142324 | |
| 前步正数 | + | | 15 | 40 | 3 | 189 | 1759 | 净行 |
| | → | | 47 | | | | | 积步 |
| 顺序正数 | + | 1 | 2 | 40 | 3 | 189 | 1759 | 疾行盈宿步 |
| | | 22 | 40 | 6 | 0 | 223 | 3003 | 迟定 |
| 6.27 | | 23 | 42 | 46 | 4 | 183 | 4762 | 疾行定数 |

## （三）按太阴日计算（换一个日期）

第十六胜生周　木鸡年　角宿月十二日

公元　1945 年　4 月 23 日

1945−1827=118　积年

$118\times12+[(118\times12+0)\times2+60]\div65=1460\frac{32}{65}$　积月

$1460\times30+12=43812$　公积日

$1460\times2^{k}10^{q}58'\,1''\,17'''+24^{k}59^{q}6'\,1''\,41'''$

$=25^{k}55^{q}31'\,2''\,4'''$　所求月逆太阳平行

$+\ 0\ 52\ 23\ 1\ 47$　查表，12 日太阳平行

$26^{k}47^{q}54'\,3''\,51'''$　中日（所求日太阳平行）即武曜迟行中数，文曜检步

| 火曜 | 宿 | 刻 | 分 | 息 | /229 | /707 | | |
|---|---|---|---|---|---|---|---|---|
| （外行星例） | 0 | 2 | 19 | 1 | 143 | 144 | | 火曜每日平行 |
| | ×43812 | | | | | | | 公积日 |
| | 20 | 55 | 36 | 1 | 126 | 367 | | |
| | +1 | 31 | 5 | 2 | 53 | 553 | | 恒加应数 |
| | 22 | 26 | 41 | 3 | 180 | 213 | | 迟行中数 |
| | −9 | 30 | | | | | | 诞生宿 |
| 135 | 12 | 56 | 41 | 3 | 180 | 213 | | |
| | 5宫 | 101 | 41 | 3 | 180 | 213 | | 未减半周，后步 |
| 查→ | × | 25 | | | | | | 迟行损益率 |
| 表 | 135 | 2542 | 20 | 4 | 156 | 376 | | |
| 后步，负数 | − | 18 | 49 | 5 | 135 | 118 | | 净行 |
| → | | 25 | | | | | | 积步 |
| 未减半周，负数 | −0 | 6 | 10 | 0 | 93 | 589 | | 迟行盈缩步 |
| | 22 | 26 | 41 | 3 | 180 | 213 | | 迟行中数 |
| | 22 | 20 | 31 | 3 | 86 | 331 | | 迟行定数 |
| 不足减， | −26 | 47 | 54 | 3 | 51 | | | 检步中日 |
| 逆行回行← | 4 | 27 | 23 | 0 | 25 | 160 | 447 | 曜日距 |
| 查→ | × | 21÷60 | | | | | | 疾行损益率 |
| 表 | + | 9 | 35 | 0 | 29 | 21 | 616 | 净行 |
| → | | 93 | | | | | | 积步 |
| | 1 | 42 | 35 | 0 | 29 | 21 | 616 | 疾行盈缩步 |
| | +22 | 20 | 31 | 3 | 25 | 68 | 260 | 迟行定数 |
| | 24 | 3 | 6 | 3 | 54 | 90 | 169 | 疾行定数<br>顺序后步 |

水曜 宿 刻 分 息 /8797 /707

（内行星例） 0 18 7 3 7706 73 每日平行

×43812 公积日

\+ 7 32 26 3 771 462 恒加

14 2 16 5 2053 270 检步

26 47 54 3 51/67 中日

− 16 30 诞生宿

135 | 10 17 54 3 51 未减半周

查表

← 4 77 54 3 51

→ × 7 损益率

135 | 545 22 2 22

− 4 2 2 22 无余数 净行

后步、负数 → 17

− 0 12 57 3 45 迟行盈宿步

26 47 54 3 51 迟行中数

26 34 57 0 6 迟行定数

− 14 2 16 5 15 5621 415 检步

14 27 19 5 9 5621 415

− 13 30 已减半周

0 57 19 5 9 5621

逆序加 30 + 30

查表

← 1 27 19 5 9 5621 415

→ × 28/60 损益率

前步、正数

\+ 12 45 1 40 2036 415

→ 34 积步

− 0 46 45 1 40 2036 665 疾行盈缩步

已减半周， 26 34 57 0 6 迟行定数

负数 25 48 11 4 32 67 6042 疾行定数

逆序前步

# 第七章　长尾曜

## 7.01

〔**译文**〕 罗睺的化身有：东方的烟氲长尾，南方的虎头炽焰，西方的牛头狂飙，北方的碧蓝滴水等著名的凶煞四曜。另外，还有许多天母，其出现都是不祥之兆云。

除烟氲长尾（以下简称为长尾曜）外，其他都不能以数字推算。

## 7.02

〔**译文**〕 其中长尾曜运动的平均速度与太阳相同，但由于“四行”开始于哪一步[①]不同，人们看到它顺行时在太阳之前，逆行时在太阳之后。

它以三年零三“博叉”[②]的两倍时间，即七十五个月完成快行和慢行，再以七十五个月完成曲行和跃行，两个七十五共一百五十个月完成长尾曜四种行的一次循环。

其规律是：完成上一轮四种行之后，经三年三博叉完成快行，到第二个博叉的末尾，它就在太阳的前面出现，以后再经过三博叉又三年的慢行；再经三年又三博叉的曲行，其末尾它出现在太阳的后面，其后又经三博叉又三年的跃行，完了之后，没入太阳。

无论四种行之中的哪一个，在三个整年中它都以每天加或减二分三息的速差运行在太阳的前面或后面。在三个博叉中，则以与太阳每年相差很大的速度——正负一刻五十二分三息——运行。

〔**译解**〕①每十五弧刻为一步，见第二章。

②博叉是梵语，意为半个月，采用九执历译法，参看本章 7.06 节。

## 7.03

〔**译文**〕上述规律如果用数字推算，其方法是：

以第十四胜生周丁亥年为历元，按作用派算法推得积月（见第四章），恒加 52，除以 75，除尽无余数时即出现长尾曜。商数为奇数时，可于黎明观察东方，为偶数时，于黄昏观察西方。

## 7.04

〔**译文**〕求尾数法。

上述以 75 除得之商余乘 2，另以 15 除所求日日期数之整商，二者相加，其和如大于 75 则减去 75。其得数如果均衡（偶数）又已减 75 者，则为逆序之前步，未减 75 者为顺行之后步；若不均衡（奇数），已减 75 者为顺序之前步，未减者为逆行之后步。

（减 75 之）余数乘以 15，加以上述被 15 除后之商余。重张四位，自下而上乘以 0，0，2，3，按 6，60，60 进位。将此得数与所求日之“定日（见第三章）加减，逆序前步者减，顺序前步者加。若（减 75 后）余数大于 72（即 73 或 74），则减去 72，余数乘 15，加入月日数；被 15 除后之商余，其和数重张四位，自下而上，乘以 0，1，52，3，按 6，60，60 进位后，刻位加 45，再与“定日”加减如上法。

减 75 时，如不够减，则减去 3，减后乘 15，再加（以 15 除日数之）商余，重张四位，乘以 0，1，52，3，按 6，60，60 进位，以此得数去减 2 宿 9 刻 22 分 2 息。得数与定日加减:顺行后步者加，逆行后步者减。

不足减 3 时，则将该差数乘以 15，与上述余数相加，重张四位，乘以 0，0，2，3，按 6，60 进位，以此得数去减 45 刻，差数与定日加减如前。

**7.05**

〔**译文**〕顺序前步者快步东行，后步者慢步南行，逆序前步者曲步西行，后步者跃步北行。

若慢行与跃行之末尾正负相抵（为零），则没入太阳。

快行与曲行之末尾，出现于黄昏与黎明（译者按：依前文应为黎明、黄昏)。

总之，六年之中被日光所夺，不能看见，其后三月之首尾能见其中部分，其后六年又不见，其后三月之中间又能如前见长尾。

这是其固定的运行程序，再无其他程序。所以只要找到一次，就能推知无数次了。

## 7.06

〔**译文**〕长尾曜的运行，结合内、外、别三种（时轮）而论：风息在（人体）内每一太阳日运行两万一千六百次。其中每个第三十二次为“慧风”，系经行于中脉之中。每一个太阳日共六百七十五次，每一个月两万零二百五十次，其十二倍为二十四万三千次，这是每年慧风之数。再乘以一百，得二千四百三十万，为每百年中脉慧风数。六息为一分，六十分为一漏刻，六十漏刻为一太阳日，得一千一百二十五日，再以三十除之，化为月，得三十七月又十五日，即三年又一个半月，这就是三年三博叉命名之由来（半个月为一博叉）。三十七个月等于七十四博叉，再加上那半个月，共七十五个博叉，这就是长尾曜的周期。“别时轮”就是瑜伽行者依此“外”界长尾曜运行的规律，“内”证体内中脉，再结合两次第（生起、圆满）之要诀去修行，定能得到“上乐”。

妙德本初佛祖经中，外时轮品历法数值推算要诀——众种法王精要之第七章，长尾曜终。

〔**译解**〕长尾曜　推步公式小结

M= 积月　D= 日期　S= 定日（太阳真黄经）

$$(M+52) \div 75 = a\frac{b}{75}$$ b=0 时　长尾曜出现

$$D \div 15 = C\frac{d}{15}$$

$f = b \times 2 + c$

$F = f \times 15 + d$

$R_s = 0^k 0^q 2' 3''$

$R_1 = 0^k 1^q 52' 3''$

$H = 2^k 9^q 22' 2''$

$G = 45^q$

**表 7–1　长尾曜推步公式表**

<table>
<tr><td>f</td><td colspan="2">奇数顺序</td><td colspan="2">偶数逆序</td></tr>
<tr><td>1，2，3<br>三博叉内</td><td>$S-(H-F \times R_s)$</td><td rowspan="2">慢步南行</td><td>$S+(H-F \times R_i)$</td><td rowspan="2">跃步北行</td></tr>
<tr><td>4 ~ 75<br>三整年内</td><td>$S-(H-F \times R_s)$<br>不见</td><td>$S+G-F \times R_s$<br>不见</td></tr>
<tr><td>76 ~ 146<br>三整年内</td><td>$S+F \times R_s$<br>不见</td><td rowspan="2">快步东行</td><td>$S-F \times R_s$<br>不见</td><td rowspan="2">曲步西行</td></tr>
<tr><td>147,148,149<br>三博叉内</td><td>$S+F \times R_1$<br>黎明在太阳前</td><td>$S-F \times R_1$<br>黄昏在太阳后</td></tr>
</table>

# 第八章　计算昼长夜长

## 8.01

〔译文〕缘起

慈悲殊胜月冠尊，为摄世间敏求者，
开示妙德占音经，大自在天赐吉祥！
天尊昔以秘密语，数足九六轮围图，
协纪合时而预卜，吉凶胜败诸隐秘。
可叹今世并其名，亦极少为人所知，
幸我佛王依怙主，汇通时、音两经旨，
《白琉璃》复广衍，兹述要诀并演例。

## 8.02

〔**译文**〕 其运算公式为：

先依体系派法求中日（见第三章3.05节）例如为：17宿6弧刻36分。其宿位17乘以60，加原弧刻6，除以135，得7为已过宫（天蝎）。余数81乘以30（得2430）。另置原分位36，除以2（得18）。二数相加（得2448），除以135①，（得数18）为已过（宫）日数（译注：即度数）。这个7宫18日就是理论过宫度。

这个已过日数（18）减7②，不足减时从理论过宫数退一化为30再减，如理论过宫数为零，则加12，下位化为30再减，减得的差数为（$7^{z}11$）[1]为“易行过宫”。

以7减后所余之度数（11）重张两位，皆乘以2，下位除以6，商数（3）加入上位（22），得数（25）除以60③（得0，余25），又取下位商余4，得（0刻，25分，4息），为易行宫度。

此“易行宫度”如在双子等南行六宫，则以之减宫首（原注：即中气之日）昼长，(此例检下表内第七宫中气昼长得27刻40分)，如在人马等北行六宫则与其昼长相加（此例27刻40分 –25分4息 =27刻14分2息），得数即该日昼长无误。再以之减60（漏刻）得夜长（此例为32刻45分4息）④。

---

［1］ z表示宫，11表示日。

**表 8–1 己丑年十月十五日五要素、罗睺、日迟行定数、日疾行定数表**

| 己丑年十月十五日五要素 | | | | 十月十五日罗睺 | | | 十月十五日太阳日迟行定数 | | | | | 十月十五日疾行定数 | | | | |
|---|---|---|---|---|---|---|---|---|---|---|---|---|---|---|---|---|
| | | | | | | | 火 | 水 | 木 | 金 | 土 | 火 | 水 | 木 | 金 | 土 |
| 5 | 3 | 16 | 20 | 15 | 11 | 24 | 12 | 10 | 18 | 17 | 8 | 14 | 16 | 18 | 20 | 80 |
| 24 | 4 | 59 | 3 | 40 | 19 | 49 | 45 | 4 | 49 | 1 | 5 | 26 | 14 | 32 | 32 | 31 |
| | | | | | | | | | | | | 东 | 北 | 北 | 东 | 南 |

〔**译解**〕①设 $x$ 为所求日数

由 1620∶360=81∶$x$

$$x=\frac{81\times360}{1620}=\frac{81\times30\times12}{135\times12}=\frac{81\times30}{135}$$

②减掉 7 日表示由于岁差关系，当时昼夜时刻的变化与表中有 7 天的误差需加以改正。

③（日数 ×2+ 日数 ×2÷6）÷60= 日数 $\times2\times\frac{7}{6}\div60$

= 日数 $\times\frac{7}{3}\div60$= 刻位……分位

可知每日增减$\frac{7}{3}$分。

④双子为现今夏至点所在，人马为冬至点所在。夏至以后白天日短，冬至以后白天日长，所以有此情况。

## 8.03

〔**译文**〕附表所列八项内容：

1. 宫序，2. 宫名，3. 各宫的分位常数，4 . 被除粗数（约略数），

5. 霍尔月序，6. 中气昼长，7. 中气夜长，8. 主事曜。

**表 8–2　十二宫对应的八项数据表**

| 宫序 | | 11 | 0 | 1 | 2 | 3 | 4 | 5 | 6 | 7 | 8 | 9 | 10 |
|---|---|---|---|---|---|---|---|---|---|---|---|---|---|
| 名称 | | 双鱼 | 白羊 | 金牛 | 双子 | 巨蟹 | 狮子 | 室女 | 天秤 | 天蝎 | 人马 | 摩羯 | 宝瓶 |
| 分位常数 | | 305 | 290 | 200 | 270 | 360 | 375 | 375 | 360 | 270 | 200 | 290 | 300 |
| （约略）被除数 | | 9000 | 8415 | 7760 | 7035 | 7760 | 8415 | 9000 | 9515 | 9960 | 10335 | 9960 | 9515 |
| 霍尔月序 | | 2 | 3 | 4 | 5 | 6 | 7 | 8 | 9 | 10 | 11 | 12 | 1 |
| 中气昼长 | 刻 | 30 | 31 | 32 | 33 | 32 | 31 | 30 | 28 | 27 | 26 | 27 | 28 |
| | 分 | 0 | 10 | 20 | 30 | 20 | 10 | 0 | 50 | 40 | 30 | 40 | 50 |
| 中气夜长 | 刻 | 30 | 28 | 27 | 26 | 27 | 28 | 30 | 31 | 32 | 33 | 32 | 31 |
| | 分 | 0 | 50 | 40 | 30 | 40 | 50 | 0 | 10 | 20 | 30 | 20 | 10 |
| 主事曜 | | 5 | 3 | 6 | 4 | 2 | 1 | 4 | 6 | 3 | 5 | 0 | 0 |
| | | 木 | 火 | 金 | 水 | 月 | 日 | 水 | 金 | 火 | 木 | 土 | 土 |

## 8.04

〔**译文**〕 圭表测影。

表分七节[1]，本影为 7[2]，与（以表之节长为单位去量得之）日影长（例如：23）相加，（7+23=30）用以除本宫（第七宫）之约略被除数（9960）[3]所得（332）为分位数值,（其商余 0）乘以 6，除以 30 得息位数值。又以 60 除分位数值，得数置下刻位与分位（5 刻 32 分 0 息）。是即上午已过和下午未过之漏刻等数值。以之减昼长（27 刻 14 分 2 息），得数（21 刻 42 分 2 息）为上午未过，下午已过之时间长度[4]。

用7减过的“余日”（11）乘以本宫之分位常数（270），得数（2970）除以30（得99）为已过分位数，以之减分位常数（270−99=171）即得（本日尚）未过（去之）分数⑤。

〔**译解**〕 此例可列式如下：

9960÷（7+23）=332分……0

332分 ÷60=5漏刻32分

0×60÷30=0息

昼长27刻14分2息−5刻32分0息=21刻42分2息

分位常数270−11日 ×270分 ÷30=171分（未过）

①垂直于地面用来测影的长杆称为“表”。用七段倒梯形（上大下小）的木块叠起来，所起的作用与立杆为表的作用一样。

②影表以表长为单位测量，相加所得之数为相对数，与所用表长的绝对数无关，这样就免除了因使用表长不同而带来的麻烦。

③约略被除数为实测所得之结果。

④如果是上午，除得之商数为日出以后所经过的时刻。如果是下午，从昼长减去所得时刻便为日出以来的时刻。

⑤此算式即：

入宫后日数（11）× 本宫分位常数（270）÷30= 本宫分位常数 $\times \dfrac{\text{日数（11）}}{30}$

附：1927年拉萨版例题：

第十六胜生周丁卯年（1927年）三月十五日

中日（太阳平黄经）1宿25弧刻38分

（$1^{\text{宿}}$ ×60+$25^{\text{刻}}$）÷135=$0^{\text{宫}}$……$85^{\text{刻}}$已过宫

（$85^{刻}\times 30+38^{分}\div 2$）$\div 135=19^{宫日}$……4 已过日

理论过宫数 0 宫 19 日 −7 日 =0 宫 12 日（易行过宫）

（12 日 ×2+4）÷60=0 刻 28 分

12×2÷6=4……0 息

0 刻 28 分 0 息

查表：初宫白羊宫，中气昼长为 31 刻 10 分

在北行六宫内故加　　　+　0 刻　28 分　0 息

该日昼长为　　　　　　31 刻　38 分

夜长为：60 刻 −31 刻 38 分 =28 刻 22 分

设：日出后或日没前植表测影，影长为 18 单位，本影长 7 个单位。

查表，初宫被除粗数为 8415，分位差常数 290

8415÷（7+18）=336……15

336÷60=5 刻 36 分

15×6÷30=3 息

昼长 31 刻 38 分 −5 刻 36 分 3 息 =26 刻 1 分 3 息，上午未过<br>下午已过

分位常数 290× 余度（19−7）÷30=116（已过）

290−116=174（未过）

## 8.05

〔**译文**〕 协时法：以圭表求得该日之已过时刻（承上例为：$5^{q}23'\ 0''$），刻位乘以 60，加入分位数（得 323），作为被减数，以

该日之未过分数（171）为第一个减数，表中下一宫（8宫人马）项下的分位数（200）为第二减数，再下一宫的分位（90）为第三减数，依次减至不够减时为止（此例到人马宫200即不够减），减剩的差数（161）为“协时”数。

此数乘以30，以所在宫之分位数（200）除之，（得24）为协时分位数。商余乘60仍以该宫分位数（200）除之，（得4）为刻数，仍有余数时，再如上法乘除，得分、息数。余数弃去不用，得五位的协时数值（人马宫161，24，9，0，0）。

## 8.06 推五段协时法

协时之分位（24）乘以60，加入刻数（9，得1449）为公基数。推协时之半段时，此数除以900①，得商数（1），上述除式（1449÷900）有商余者，商数加1（得2），得数不可能大于2。得1者为太阳主事，主生男，得2者为太阴主事，主生女云云。（以下纯系占星求，例如占失物之质地、颜色等。原作者自己也说是游戏之作，故译文从略。）

〔**译解**〕①每半个时长的息数21600息÷12时÷2=900。

妙德本初佛祖经中，外时轮品历法数值推算要诀——众种法王精要之第八章，计算昼长夜长终。

# 第九章 论三种日

## 9.01

〔译文〕

十地救怙主，四部功德力，
上升迦拉巴，九六城中央，
游戏而幻化，示现为人王，
已降及将临，我均诚顶礼。
密经大秘藏，原在苫婆罗，
我足步驽劣，未亲践彼土，
幸赖诸译师，接引胜经疏，
来梵蕃此土，恩重难量度。

妙德大经疏，深广如渊海，
探索底蕴者，厥讳为“玉兔”，
引升体系宗，三界宽广途，
浦氏美名扬，如春风拂耳。
三“日”之理，历算要害，
数值关系，每易紊乱；
我今辛勤，编写成文。
剖析清楚，以利后学。

## 9.02

〔**译文**〕 体系派的三种日：一、总说，二、分说。

一、总说三种日的概念。

太阳日是按天空的太阳对大地所起的作用而言，即从今日天明到明日天明为一完整的太阳日。

太阴日是指月亮的白分、黑分盈缩各十五分之一所需的时间长度。

宫日是太阳平均运行四弧刻三十分，也就是通过一宫所需的一百三十五弧刻的时间长度的三十分之一。

## 9.03

〔**译文**〕 二、分说。按三种日各自的时间长度分述诸曜在宫宿背景上运行一周的平均行度。人一呼一吸叫作一息。从天明能见掌纹至次日能见掌纹之间，人呼吸21600息，除以6息，再除以60，得60漏刻$60^q0'0''$，这就是一个太阳日的平均时间长度（$A_0$）。

由太阳日求太阴日平行。上述息数（21600）乘以707得15271200（$A_0$），重张三位，自下而上按707，64进位，以其商数减上位，得15032250（$B_0$），再按707，6，60进位，各位的商余即一个太阴日的平均长度：59漏刻3分4$\frac{16}{707}$息（B）。

〔**译解**〕

15271200 – （15271200+15271200 ÷ 707）÷ 64=15032250

## 9.04

〔**译文**〕由太阴日求宫日平均长度：太阴日长度化为707分之一息，得15032250。重张两位，下位乘以2，除以65，商数加于上位，得15494780，按707，6，60进位，得60漏刻52分4息$\frac{168}{707}$（$\frac{50}{65}$）子，是为宫日的平均时间长度（$C_0$）。

〔**译解**〕B+B × 2 ÷ 65=C　　$\frac{67}{65}$ B=C

〔**译文**〕又法：太阳日平行（A）60漏刻乘以11135，得668100，除以11312，其商数乘以60及6，除以原除数11312，其商余除以16，或乘以707，再除以11312，皆得太阴日平行$59^q3'\ 4''=\frac{16}{707}$（$\frac{10}{16}$）子（B）

〔**译解**〕A × 11135 ÷ 11312=B

60 × 11135 ÷ 11312=59……692

$692 \times 60 \div 11312=3 \cdots\cdots 7584$

$7584 \times 6 \div 11312=4 \cdots\cdots 256$

$256 \times 707 \div 11312=16$

又法：$256 \div 16=16$

$707 \times 16=11312$

〔**译文**〕 还原法。

将被乘数与乘数颠倒互换，太阴日平行各位皆乘以 11312，自下而上按 707，6，60 收为刻位，得 668100，再除以 11135，仍得太阳日平行长度 60 漏刻 0 分 0 息（A）。

〔**译解**〕 $B \times 11312 \div 111315=A$

## 9.05

〔**译文**〕 由太阴日长度求宫日长度。太阳日长度，即 60 漏刻，乘以 149209 得 8952540，再除以 147056，商余依次乘以 60，6，707，65，仍除以原除数 147056，记其各级商数，仍得宫日平行（C）如前。

还原法：将被乘数与乘数颠倒互换，宫日平行各位，乘以 147056，从下而上按 65，707，6，60 收至刻位，除以 149209 仍得太阳日长度（60 漏刻）。

〔**译解**〕 $A \times 149209 \div 147056=C$

$C \times 147056 \div 149209=A$

## 9.06

〔**译文**〕 太阴日的时间长度（B）各位皆乘以 67，按 707，6，60 进至刻位，再除以 65，其商余乘以各自的分母 60，6，707，加入下位，再除以 65，得宫日的平均时间长度，$60^{q}52'\ 4''\frac{168}{707}\frac{50}{67}$（C）。

上数中 707 的分子乘以 13，67 的分子除以 5，两个得数相加，得 9191 的分子（2194）。

还原法：此宫日平行乘 65，按 9191，6，60 收位，再除以 67，商余乘 60，6，9191，依次加于本位，除以 67，得太阴日平行度 $59^{q}3'\ 4''\frac{208}{9191}$（B），此数中 9191 的分子除以 13，即 707 的分子$\frac{16}{707}$。

〔**译解**〕 $B\times67\div65=C$，$C\times65\div67=B$

## 9.07

〔**译文**〕 太阳日时间长度（A）重张两位，其一乘以 177 得 10620，再除以 11312，其商余乘以 60，6，再除以 16 或乘以 707 再除以 11312（$16\times707=11312$），得 $0^{q}56'\ 1''\frac{691}{11312}$以之减另一处写下来的太阳日长度（$A_0$），亦得太阴日长度如上：$59^{q}3'\ 4''\frac{16}{707}$（B）。

$A-A\times177\div11312=B$

$A(1-177 \div 11312)=B$

$A\frac{11312-177}{11312}=B$

$A\frac{11135}{11312}=B$

〔**译文**〕 太阴日长度（B）重张两位，其一乘以177，按各自分母进至刻位，除以11135，再乘以各自分母（60，6，707）加于上位，得$0^{q}56' 1''\frac{691}{707}$，与另一处写下的太阴日长度相加，即得太阳日长度（A）。

〔**译解**〕 $B+B \times 177 \div 11135=A$

**9.08**

〔**译文**〕 此数（A）重张两位，其一乘2153得129180，除以147056，商余次第乘以60，6，707，仍以该除数（147056）除之，其（最下位之）余数除以16，或乘以9191后再除以该除数147056，得$0^{q}52' 4''\frac{2194}{147056}$；或息位商余（35104）乘以707，65，仍除以147056，得168，50。与重张之另一位相加亦得宫日长度$60^{q}52' 4''\frac{2194}{9191}$（C）。

〔**译解**〕 $A+A \times 2153 \div 147056=C$

〔**译文**〕 上数（C）重张两位，其一各位皆乘以2153，自下而上按9191，6，60收为刻位，除以149209，其商余依次乘以60，6，9191，商数加入上位再除以（149209）得$0^{q}52' 4''\frac{2194}{9191}$，以之减重张之另一数（C），得太阳日时间长度（A）。

〔**译解**〕 C−C × 2153 ÷ 149209=A

## 9.09

〔**译文**〕 太阴日时间长度（B）重张两位，其一各位皆乘以 2，按 707，6，60 进至刻位，除以 65，其商余乘以各自分母 60，6，707，加入上位，再除以 65，得 1 漏刻 49 分 0 息 $\frac{152}{707}$ $\frac{50}{65}$。加重张之另一位（B）。其子位乘以 13，其下一位 65 之分子除以 5，二者相加，即得宫日时间长度 $60^{q}52'\ 4''\frac{2194}{9191}$（C9191）。

〔**译解**〕 B+B × 2 ÷ 65=C

〔**译文**〕 宫日长度（C）重张位，其一乘 2，按 9191，6，60 进位，除以 67，其商余位次乘以 60，6，9191，商数加入上位后除以 67，得 $1^{q}49'\ 0''\frac{1986}{9191}$，以之减另一处写下的宫日长度，其子位除以 13，得太阴日时间长度（B）。

〔**译解**〕 B+B × 2 ÷ 65=C

C−C × 2 ÷ 67=B。

**表 9–1 三种日互求表（译者制）**

| 由求 | 太阳日 | 太阴日 | 宫　日 |
| --- | --- | --- | --- |
| 太阳日 | $A_0$1 日 = 60 漏刻 =3600 漏分<br>= 21600 息 =15271200<br>A $\frac{60^q}{60}$ $\frac{0'}{60}$ $\frac{0''}{6}$ $\frac{0'''}{707}$ | A × 11135 ÷ 11312=B<br>A−A × 177 ÷ 11321=B<br>$A_0$−（$A_0$+$A_0$ ÷ 707）÷ 64<br>=15032250（$B_0$）<br>707 × 16=11312<br>11312−11135=177 | A × 149209 ÷ 147056=C<br>A+A × 2153 ÷ 147056=C |
| 太阴日 | B × 11312 × 11135=A<br>B+B × 177 ÷ 11135=A | $B_0$=15032250<br>B=$59^q$ $\frac{3'}{60}$ $\frac{4''}{60}$ $\frac{16}{707}$ $\frac{10}{16}$<br>$B_{9191}$=$59^q3'\ 4''\frac{208}{9191}$ | B × 67 ÷ 65=C<br>B+B × 2 ÷ 65=C<br>$B_0$+$B_0$ × 2 ÷ 65=15494780 |
| 宫日 | C × 147056 ÷ 149209=A<br>C−C × 2153 ÷ 149209=A | C × 65 ÷ 67=B<br>C−C × 2 ÷ 67=B | $C_0$=15404780<br>C= $\frac{60}{60}$ $\frac{52'}{60}$ $\frac{4}{6}$ $\frac{168}{707}$ $\frac{50}{67}$<br>= $\frac{60}{60}$ $\frac{52}{60}$ $\frac{4}{6}$ $\frac{2194}{9191}$ |

## 9.10

〔**译文**〕 年的长度（恒星年）。

太阳一年之中在宫宿中运行的时间长度用三种日分别量之，得三种周期（恒星周期）。

将一年以 360 计，得太阳的宫日周期 360（SC）。

将此数（360）重张两位，下位乘 2，除以 65，商数加于上位（360），得（太阳）日数，连同商余（5）依次乘以 60，60，6，13，皆除以 65，得数 $11^d4^q36'\ 5''\ 7'''$，（加 360）即太阳之太阴日周期 371 日 4 漏刻 36 分 5 息 7/13（SB）。

〔**译解**〕 $SC+SC\times 2\div 65=SB$。

〔**译文**〕 此数之日位（371）乘以 60，加于刻位，再乘 60 加于分位，再乘 6，加于息位，再乘 13，加于子位，再乘 707 得 73668268800（$SB_0$）。

此数重张三位，下位除以 707，商数加于中位后，除以 64，以此商数减上位，得 72515574000。此数按 707，13，6，60，60 进位至日位，其各位余数即太阳之太阳日周期 365 日 16 漏刻 14 分 1 息 12/13　121/707（SA）。

〔**译解**〕 $SB_0-(SB_0+SB_0\div 707)\div 64=SA$

$$365^d16^q14'\ 1''\ 12'''\ 121''''=365^d.2706451$$

这是体系派的数值，参看 10.01 节。作用派不同，见第四章。

## 9.11

〔译文〕 又法：宫日周期（360）乘以 67，得 24120，除以 65，商数为日数，商余（5）是 65 的分子，以 5 约之，成为 13 的分子，是即太阳的太阴日周期 371 $\frac{1}{13}$（$B_0$）。

〔译解〕 $SC \times 67 \div 65 = SB_a$

〔译文〕 其日位（371）乘 65，另外将 13 的分子乘以 5，二者相加得 24120，除以 67，即还原为宫日周期 360（SC）。

〔译解〕 $SB \times 65 \div 67 = SC$

〔译文〕 此数（360）乘 149209 得 53715240，除以 147056，其商数（365）为日数，商余（39800）以 8 约之得 4975，是为太阳之太阳日周期 365 $\frac{4975}{18382}$（$SA_a$）

〔译解〕 $SC \times 149209 \div 147056 = SA_a$

〔译文〕 此数日位乘 147056，其下位乘以 8，二者相加得 53715240，除以 149209，还原得宫日周期 360。

〔译解〕 $SA_a \times 147056 \div 149209 = SC$

## 9.12

〔译文〕 太阳日周期（365 $\frac{4975}{18382}$）之日位乘以 18382，加入所带之分子，再乘以 8，得 53715240，除以 11135，再除以 13，为太阴日周期 371 $\frac{1}{13}$（$SB_a$）。

〔**译解**〕 $SA \times 18382 \times 8 \div 11135 \div 13 = SB_a$

〔**译文**〕 此数之日位（371）乘以13，加入分子1，得4824乘以11135。除以147056余数以8约之，成18382之分子，是为太阳日之周期365 $\frac{4975}{18382}$（$SA_a$）

〔**译解**〕 $SB \times 11135 \times 13 \div 147056 = SA_a$

## 9.13

〔**译文**〕 太阴日周期371 $\frac{1}{13}$重张位，其一乘以177，其下位除以13，加入上位，65680 $\frac{8}{13}$，再除以11312（得商数5），其商余乘以13，加入下位（上的余数8），除以11312，得5，10，5448。以此数减太阴日周期，其13之分子乘以11312加于子位，除以8，得太阳日周期365 $\frac{4975}{18382}$。

〔**译解**〕 $SB - SB \times 177 \div 11312 = SA_a$

〔**译文**〕 此数重张两位，其一乘以177，得64605，880575，（下位）除以18382，商数（47）加于上位（64605）后，除以11135（得5，是为日数），余数（8977）乘18382后，加下位余数（16621）后，除以11135（得14821）。以此数（5，14821）与太阳周期原数相加得370，19795，下位除以18382，商数进入上位，商余以1414约之，得数（1）的分母为13，是即太阴日周期371 $\frac{1}{13}$（$SB_a$）。

〔**译解**〕 $4975 \times 177 \div 18382 = 47 \cdots\cdots 16621$

$$(365 \times 177+47) \div 11135=5 \cdots\cdots 8977$$

$$(8977 \times 18382+16621) \div 11135=14821$$

$$365\frac{4975}{18382}+5\frac{14821}{18382}=371\frac{1414}{18382}=371\frac{1}{13}$$

$$SA_a+SA_a \times 177 \div 11135=SB_a$$

## 9.20

〔**译文**〕 诸曜每日运行弧度。

宿数 27 乘以 60，得 1620（D）（其单位）名为“域刻”，也就是“宿刻”（本书译为弧刻），是计量诸曜运行的基本单位。（这 1620 弧刻）以诸曜各自的（恒星）周期除之，得其每天平均行度。

〔**译解**〕 藏文中 ཆུ་ཚོད 一词，既是时间单位，又是弧长单位。表时间是其本义，表弧长是借用的派生义。严格地说应叫作域刻或宿刻，但行文中往往省略，简称为刻，极易混淆，须十分注意，本书中译为“弧刻”。

## 9.21

〔**译文**〕 此 1620 弧刻以太阳的宫日周期 360 除之（得 4）。商余乘 60，除以 360（得 30）除尽无余数。这个 4 弧刻 30 分，是每一宫日太阳所行弧度（$C_a$）。

（太阳之）太阴日周期 $371\frac{1}{13}$乘 13，得 4824，宿刻 1620 与之通分，须乘以 13，得 21060，再除以 4824，商余乘以 60，6，

依次除以 4824,（其最后一位的）商余以 72 约之,得 4 弧刻 21 分，5 息$\frac{43}{67}$（$B_a$），是为每一太阴日太阳所行弧度。

太阳之太阳日周期 365 $\frac{4975}{18382}$乘 18382，得 6714405 为除数。宿刻 1620 乘 18382 得 29778840 为被除数，商余乘以 60，6，以原数除之，商余以 45 约之，得 4 弧刻 26 分 0 息$\frac{93156}{149209}$再无尾数，是为每一太阳日太阳所行弧度（Ad）。

〔**译解**〕 D ÷ A=Ad

## 9.22

〔**译文**〕 月亮的三种日（恒星月）。

宿刻 1620 除以 30，得 54 弧刻，是为（每一太阳日）月亮单独行度（$M_s$）。

加以其在每一太阴日内与太阳共同的行度 4 弧刻$\frac{21'\ 5''\ 43'''}{67}$，得每一太阴日内月亮所行弧度 58 刻 21 分 5 息$\frac{43}{67}$。

〔**译解**〕 D ÷ 30+Bd=Md

## 9.23

〔**译文**〕 上数各位皆乘 134，按 67，6，60 进至刻位，得 7821。为了通分，宿刻 1620 乘以 134 得 217080，除以 7821，商

余以 9 约之，无余数，上位为太阴日数，下位为 869 之分子，即 $27\frac{657}{869}$日，是为月亮的太阴日周期（按太阴日计算的恒星月）。

〔**详解**〕 $1620\times134\div(\mathrm{Md}\times134)=27\frac{657}{869}$

$=27.7560414\ (M_b)$

乘 134 的目的是为了将月亮的日行度化成整刻数，使运算无余分，可以方便地进行运算。

〔**译文**〕 此数化为 869 的分子 24120 重张两位，下位乘以 2，除以 67，以之减上位（即原数）得 23400，再除以 869，得 $26\frac{806}{869}$（=26.9275）是为按宫日计算的月亮的周期（$M_g$）。

## 9.24

〔**译文**〕 月亮的太阴日周期 $27\frac{657}{869}$乘以 11135，下位（分子）除以 869,得（8418）加于上位（整数）得 $309063\frac{453}{869}$。（其整数）以 11312 除之，得 27。商余（3639）乘以 869，加于分子（453），以 8 约之，得 395343（其分母为 1228766），是为月亮的太阳日周期（恒星月）。

〔**详解**〕 $27\frac{395343}{1228766}=27.32174\ (M_s)$

$M_b\times11135\div11312=M_s$

## 9.25

〔译文〕月亮的宫日周期 $26\frac{806}{869}$ 以 869 为分母化成 23400，作为除数。宿刻 1620 乘 869，以便通分，得 1407780 为被除数，商余依次乘以 60，6，65，除以 23400 得 60 弧刻 9 分 4 息 $\frac{10}{65}$ 是为一个宫日月亮所行弧长。

〔译解〕$1620\times869\div M_g\times869=D\div M_g=M_a$

## 9.26

〔译文〕月亮的太阳日周期 $27\frac{395343}{1228766}$ 的整数 27 乘以 1228766 加入分子（395343）得 33572025，作为除数。宿刻 1620 乘 1228766 得 1990600920 作为被除数。再除以 33572025，商余依次乘以 60，6，除以 33572025，余数以 225 约之，为 149209 之分子，得 59 弧刻 17 分 3 息 95367/149209 是为月亮的太阳日平行度。

## 9.30

〔译文〕罗睺的三种日行度。

罗睺的周期按太阴日计算为 6900，除以 30 得 230，是其按太阴月计算的周期。

〔译解〕即每 230 个朔望月为一周天。

〔**译文**〕 其按太阴日计算的周期6900分为15分，或按太阴月计算的周期230乘2，同样得460，是其按半个太阴月计算的周期。

**9.31**

〔**译文**〕 其太阴日周期6900乘以65，得448500，除以67，得6694 $\frac{2}{67}$是为罗睺的宫日周期。

其太阴日周期6900乘以11135得76831500，除以11312，商余以4约之为2828之分子，是为罗睺之太阳日周期6792 $\frac{99}{2828}$。

又：其宫日周期6694 $\frac{2}{67}$乘67得448500，除以65，还原为太阴日周期（6900）。

其太阳日周期之日数（6792）乘11312，下位（99）乘4后相加，得76831500，除以11135，得太阴日周期（6900）。

**9.32**

〔**译文**〕 宫日周期之日位（6694）：乘149209，下位（2）乘2227，相加得998809500，除以147056，商数（6792）为太阳日数，商余除以52，得99，变成2828之分子，是为其太阳日周期（6792 $\frac{99}{2828}$）。

其日位乘147056，下位乘52，相加得998809500，除以

149209，商余除以 2227，成为 67 之分子，是为罗睺之宫日周期。

## 9.33

〔**译文**〕 罗睺运行弧度。

宿刻 1620 重张三位，除以罗睺的太阴日周期 6900，太阴月周期 230，半月周期 460，商余乘以 60，6，23，再以三种周期除之，得每一太阴日平行孤度：0 刻 14 分 0 息$\frac{12}{23}$；每个太阴月平行 7 弧刻 2 分 3 息$\frac{15}{23}$；每半个太阴月平行 3 弧刻 31 分 1 息$\frac{19}{23}$。

## 9.34

〔**译文**〕 宫日周期（$6694\frac{2}{67}$）乘 67 得 448500（作为除数），宿刻 1620 乘 67 得 108540（作为被除数），除后商余依次乘以 60，6，23，65，再以 448500 除之，记其商数，即为其每一宫日的行度 0 弧刻 14′分 3″息$\frac{2}{23}$ $\frac{53}{65}$。

## 9.35

〔**译文**〕 太阳日周期与宿刻通分，各乘以 2828。太阳日周期乘后得 19207875 作为除数，宿刻乘后得 4581360 作为被除数，除后商余依次乘以 60，6，23，11135，除以 19207875 得：0 弧刻 14 分 1 息$\frac{19}{23}$ $\frac{10038}{19207875}$，是为每一太阳日的罗睺行度。

**9.40**

〔**译文**〕“会合”与“作用”的三种日。

月亮每一太阴日所行的弧长 0 宿 58 弧刻 21 分 5 息$\frac{43}{67}$，加太阳每一太阴日所行弧长 0 宿 4 弧刻 21 分 5 息$\frac{43}{67}$（见 9.22）得“会合”每太阴日所行弧长：0 宿 62 弧刻 43 分 5 息$\frac{19}{67}$。

此数各位皆乘以 67,按其分母(67,6,60)收至刻位得 4203(作为除数)。宿刻（1620）与之通分（也乘以 67，得 180540 作为被除数），除得商数（25）为日数，商余依次乘以 60，60，6，7005 后再除以 4203，得“会合”的周期 27 宿 49 弧刻 27 分　息$\frac{1965}{4203}$。

**9.41**

〔**译文**〕太阴日之平均时间长度 0 日 59 漏刻 3 分 4 息$\frac{16}{707}$除以 2，即“作用”每一太阴日的长度，0 曜 29 漏刻 31 分 5 息$\frac{8}{707}$。

此数各位皆乘以 5656，自下而上，按 707 等分母收至日位，得 167025（作为除数），宿刻（1620）与之通分（乘以 5656 得 9162720 作为被除数）依次（以 60，60，6）收位，得按太阴日计算的“作用”的周期：54 日 51 漏刻 30 分 0 息$\frac{148500}{167025}$。

会合与作用之太阳日与宫日周期算法，依次类推。

## 9.50

〔**译文**〕 五曜运行周期的算法。

三武曜（外行星）以火曜为例，木、土可以类推。

先讲其太阳日周期（即以太阳日为单位而计算的周期，下同）。

**表 9–2　外行星周期表**

| | 火 | 木 | 土 |
|---|---|---|---|
| 太阳日周期 | 687 | 4332 | 10766 |
| （息以下的）分母 | 229 | 361 | 5383 |

按太阳日计算的行度，以六级分数表之，最下一级的分母，除木曜用 1414 之外，其他各曜都用 707。

按宫日计算者，息位以下的分母，浦氏未传，暂缺。（请参看下文 9.52 节译解。又：拉加寺版第六章宫日，五曜一节的表中有此两位的分母，已据以补入总结表中）

## 9.51

〔**译文**〕 火曜的太阳周期 687，乘 2153，除以 149209，以此商数为减数，原数（687）退一，化为 149209，为被减数，减得

$677\frac{12979}{149209}$为宫日周期。

〔**译解**〕 $687-687\times2153\div149209$

$$=686\frac{149209}{149209}-9\frac{136230}{149209}=677\frac{12979}{149209}$$

〔**译文**〕 火曜的太阳日周期687，乘以177，除以11135，加于原数，得太阴日周期$697\frac{10249}{11135}$。

## 9.52

〔**译文**〕 以太阳日周期687除宿刻1620，商数为弧刻，商余以60，6，229乘之，再除（以原除数），得数为其一个太阳日平均运行弧度0宿2弧刻21分2息$\frac{208}{229}$。

宫日周期化为“孔等”（按指149209，参看1.04节译解）之分子，得101027472（作为原数）。宿刻（1620）与之通分（乘以149209）成241718580（作为被除数），除得之商数（2）为弧刻。商余乘以60,6仍以原除数除之,息以下的分子即以该除数为分母，是为每个宫日平行弧度：$0^k2^q23'\ 3''$ 34035408/101027472。

〔**译解**〕 这里的分母是一个九位数字。时轮历的习惯，当分母太长时就化为繁分数。例如火曜每一太阴日的平行弧长度为

$$0^k3^q19'\ 1''\frac{143\frac{144}{707}}{229}$$。

上面9.50节所说：“以六级分数表之。”但宫日的平行弧长息

位以下找不到两个合适的分母。只能用这个九位数字做分母。这是作者认为很遗憾未能解决的一个问题，所以上文有“浦氏未传，暂缺”之语。他们之所以认为这是个问题,是因为这一派标名“体系派”，所谓体系的完整就是所有的数值之间的关系都能做到除尽无余数。这样才能找到太极上元。

据第六章 6.22 节，此数为 $0^k 2^q 23' \, 3'' \frac{77}{229} \, \frac{1364}{9191}$。

### 9.53

〔**译文**〕 其太阴日周期化为 11135 的分子，成 7771344（作为除数），得宿刻（1620）与之通分，化为 18038700。除得之商数（2）为弧刻，商余依次乘以 60，6，229，707，再除，得每个太阴日平行弧长 $0^k 2^q 19' \, 1'' \frac{143}{229} \, \frac{144}{707}$。

### 9.54

〔**译文**〕 木、土两曜同理类推。

| | | | | | | | |
|---|---|---|---|---|---|---|---|
| 木曜 | 宫日周期 | 4269 | 73371 | | | | |
| | 太阴日周期 | 4400 | 9584 | | | | |
| | 太阳日平行 | 0 | 0 | 22 | 2 | 226 | |
| | 宫日平行 | 0 | 0 | 22 | 4 | 380352288 | |
| | 太阴日平行 | 0 | 0 | 22 | 0 | 187 | 779 |
| 土曜 | 宫日周期 | 10610 | 97406 | | | | |

太阴日周期 10937 1497

太阳日平行 0 0 9 0 918

宫日平行 0 0 9 0 1525624416

太阴日平行 0 0 8 5 1738 216

〔**译解**〕 木曜息以下第五位$\frac{187}{361}$，9.31节表中为$\frac{374}{722}$，二者相等。

## 9.55

〔**译文**〕 两文曜（内行星）有百分、十分之别与上述稍有不同。

八十七又百分之九十七是水曜的太阳日周期，其日数乘一百，加入百分之分子，得8797。

金曜的太阳日周期为二百二十四又十分之七。其日数乘十，加入十分之分子，得2247。

其子位的分母分别为8797与749。

〔**译解**〕 749=2247÷3。

## 9.56

〔**译文**〕 8797重张两位，下位乘2153除以149209，以之减上位，差数退一减商余，得86，70 $\frac{9602}{149209}$，此数上位除以100，商数写于上层（商余70写于中层，分母为100并下层原数）得水曜的宫日周期86，70，9602（译文中为排印方便称上、下改为左、右）。

其太阴日（周期）算法同火曜（见 9.51 节），唯上位须除以 100 即得 89 $\frac{36}{100}$ $\frac{9304}{11135}$。

〔译解〕 $8797+8797\times177\div11135=8936\frac{9304}{11135}$

$8936\div100=89\cdots\cdots36$

### 9.57

〔译文〕 宿刻（1620）乘 100，除以 8797 得弧刻数（18），（余数 3654 由 60，6）收至 8797 之分子，乘后再除得每一太阴日平行弧长 $0^{k}18^{q}24'\ 5''\ \frac{4687}{8797}$。

〔译解〕 $1620\times100\div8797=18\cdots\cdots3654$

$3654\times60\div8797=24\cdots\cdots8112$

$8112\times6\div8797=5\cdots\cdots4687$

### 9.58

〔译文〕 宫日周期各位乘以 149209，再乘 100，按各层分母进位得 1293651632，宿刻与之通分，依次除后得（水曜之每一）宫日平行弧长 $0^{k}18^{q}41'\ 0''$ 768003168。

太阴日周期各位乘 11135，再乘 100，收到刻位，得 99511664，宿刻与之通分得 1，803，870，000 依次乘除得太阴日平行 $0^{k}18^{q}7'\ 3''$ 7706，73。

**表 9–3 八曜三种日平行弧度表**（译者制）

| | 按太阴日计算 | | 按太阳日计算 | | 按宫日计算 | |
|---|---|---|---|---|---|---|
| | 恒星周期 | 日平行弧度 | 恒星周期 | 日平行弧度 | 恒星周期 | 日平行弧度 |
| 月曜 | $27\frac{657}{869}$ | $58^{q}21'\,5''\frac{43}{67}$ | $27\frac{395343}{1228766}$ $=27.32174$ | $59^{q}17'\,3''\frac{95367}{149209}$ | $26\frac{806}{869}$ | $60^{q}9'\,4''\frac{10}{65}$ |
| 水曜 | $89\,\frac{36}{100}\,\frac{9304}{11135}$ | $18^{q}7'\,3''\frac{7706}{8797}\,\frac{73}{707}$ | $87\frac{97}{100}$ | $18^{q}24'\,5''\frac{4687}{8797}$ | $86\,\frac{70}{100}\,\frac{9602}{149209}$ | $18^{q}41'\,0''\frac{5222}{8797}\,\frac{4796}{9191}$ |
| 金曜 | $228\,\frac{2}{10}\,\frac{7994}{11135}$ | $7^{q}5'\,4''\frac{636}{749}\,\frac{26}{707}$ | $224\frac{7}{10}$ | $7^{q}12'\,3''\frac{345}{749}$ | $221\,\frac{4}{10}\,\frac{86106}{149209}$ | $7^{q}18'\,5''\frac{344}{749}\,\frac{4449}{9191}$ |
| 日曜 | $371\frac{1}{13}$ | $4^{q}21'\,5''\frac{43}{67}$ | $365\frac{4975}{18382}$ $=365.270645$ | $4^{q}26'\,0''\frac{93156}{149209}$ | 360 | $4^{q}30'$ |
| 火曜 | $697\frac{10249}{11135}$ | $2^{q}19'\,1''\frac{143}{229}\,\frac{144}{707}$ | 687 | $2^{q}21'\,2''\frac{208}{229}$ | $677\frac{12979}{149209}$ | $2^{q}23'\,3''\frac{77}{229}\,\frac{1364}{9191}$ |
| 木曜 | $4400\frac{9584}{11135}$ | $0^{q}22'\,0''\frac{187}{361}\,\frac{779}{1414}$ | 4332 | $0^{q}22'\,2''\frac{226}{361}$ | $4269\frac{73371}{149209}$ | $0^{q}22'\,4''\frac{431}{722}\,\frac{682}{9191}$ |
| 罗曜 | 6900 | $0^{q}14'\,0''\frac{12}{23}$ | $6792\frac{99}{2828}$ 6792.035 | $0^{q}14'\,1''\frac{19}{23}\,\frac{10038}{19207875}$ | $6694\frac{2}{67}$ | $0^{q}14'\,3''\frac{2}{23}\,\frac{53}{65}$ |
| 土曜 | $10937\frac{1497}{11135}$ | $0^{q}8'\,5''\frac{1738}{5383}\,\frac{216}{707}$ | 10766 | $0^{q}9'\,0''\frac{918}{5383}$ | $10610\frac{97406}{149209}$ | $0^{q}9'\,0''\frac{5187}{5383}\,\frac{2046}{9191}$ |

## 9.59

〔译文〕 金曜同理可知：

宫日周期　　$221^{d}48^{q}86106$

太阴日周期　$228^{d}2^{q}7994$

太阳日平行　$0^{k}7^{q}12'\ 3''\ 345$

宫日平行　　$0^{k}7^{q}18'\ 5''\ 141975344$

太阴日平行　$0^{k}7^{q}5'\ 4''\ 636$，26。

## 9.60

〔译文〕 明白了太阳日、太阴日、宫日的周期和平行度之间的差数（比例）之后，立刻就能由此及彼，是很容易的。

宫日与太阴日，由多求少（以大求小）时，原数写两遍，其一各位皆乘以 2，除以 67，得数减去其二，即得。由少求多（以小求大）时，写两遍，其一各位皆乘以 2，除以 65，加于其二即得。

〔译解〕 设 G 为宫日，L 为太阴日。

$$L=G-G\times 2\div 67=G\left(1-\frac{2}{67}\right)=G\,\frac{67-2}{67}=G\,\frac{65}{67}$$

$$G=L+L\times 2\div 65=L\left(1+\frac{2}{65}\right)=L\,\frac{65+2}{65}=L\,\frac{67}{65}$$

## 9.61

〔译文〕 太阳日与太阴日，由少求多时，原数写两遍，其一各位皆乘以 177，除以 11135，加于其二即得。由多求少时，如前法乘 177，除以 11312，由其二中减去之即得。

〔**译解**〕 设 L 为太阴日，S 为太阳日。

$$L=S+S\times 177\div 11135=S\left(1+\frac{177}{11135}\right)=S\frac{11312}{11135}$$

$$S=L-L\times 177\div 11312=L\left(1-\frac{177}{11312}\right)=L\frac{11135}{11312}$$

## 9.62

〔**译文**〕 宫日与太阳日，由多求少，原数写两遍，其一乘 2153，除以 149209，以此得数去减其二即得。由少求多者，乘 2153 除以 147056，去加其二即得。

〔**译解**〕

$$G=S-S\times 2153\div 149209=S\frac{147056}{149209}$$

$$S=G+G\times 2153\div 147056=G\frac{149209}{147056}$$

## 9.63

〔**译文**〕 宫日与太阴日互求又一稍难之法：

如前法重张两位，其一各位均乘 2，先将其最上一位除以各自的分母，取其商数，商余化为下一位，加入该位原有数，再除，如是至最下一位其商余即以原除数为分母。得数与其二或加或减（实例见 9.09 节）。

这个推算法是按前辈的著述所写。

各自（最后）两位的分子，乘以所求之分子，以各自的分母收位，即得所求分子无误。

## 9.64

〔**译文**〕 这里分析三种日的方法，是以《日光论》为基础而写的。五曜章以前部分，数值运算比较难懂，讲得详细些，以期一目了然。五曜章以后部分，可以类推而知，所以摘自《白琉璃》。

妙德本初佛祖经中，外时轮品历法数值推算要诀——众种法王精要之第九章，论三种日终。

# 第十章 节 气

## 10.01

〔**译文**〕 排除作用派疵误之转年数值（以下简称为“祛疵转年”）推算法：

以第十四胜生周丁亥年为历元，求出积年后重张七位：

乘以：1 16 14 1 296 10 179（参 9.10 节）

恒加：5 15 9 5 127 12 316

除以：7 60 60 6 317 13 707

即得。

〔**译解**〕 乘数的曜位 1，为周年 365 除以周日 7 所得商余。乘、加、除以后所得曜位为年首周日序数。作用派的恒星年数值本来比体系派的数值好一些，但与其闰周不协调，而体系派的数值在这一点上无此问题，所以自称去除了作用派的疵误。

## 10.02

〔**译文**〕 作用派“值年曜”数值推算法：

自第十四胜生周丁亥年起计已过年数，重张五位：

乘以：1　15　31　1　121

恒加：2　40　35　5　245

除以：7　60　60　6　317[1]

即得。

〔**译解**〕 据此，作用派年的长度为 52 星期零 1 日 15 漏刻 31 分 1 息$\frac{121}{317}$=365.258675 日

## 10.03

〔**译文**〕 求大自在天起居。

以作用派“值年”之曜数与刻数重张十二位：白羊宫曜位加 1，刻位加 57；金牛宫曜加 4，刻加 53；双子宫曜加 1，刻加 17；巨蟹宫曜加 4，刻加 53。以下顺次为：

狮子　1　22，　　室女　4　24

天秤　6　51，　　天蝎　1　47

人马　3　16，　　摩羯　4　37

[1] 自下而上。

宝瓶　6　4，　　双鱼　0　52

按 60，7 进位，即：加后刻位除以 60，商数加入原曜位数，除以 7，记其商余即十二个宫曜（各宫主事之曜）。

以上是约略粗数，如愿细求，可按《白莲亲传》之祛疵转年曜（按：即 10.01 的七位的数值）用同法推之。

〔**译解**〕 转年曜次时刻加上表中的曜次时刻，即为太阳进入各宫首的曜次及时刻。从计算转年及白羊宫首值不为零，可知历元时太阳不在白羊宫首，有一日 57 刻之差。

## 10.04

〔**译文**〕 山公主（即邬摩妃）与安源王（即大自在天）在十二宫之乐园中起居安眠之果相：

上述十二宫曜与入宫日值日曜次，二者相同，乃大自在天与邬摩妃同寝而居，其果相为：大地震动，盗贼蜂起，飓风驰骤。如在夏季则有雷电冰雹，国君交战，父子相残，暑热难当。

若太阴之曜（按即入宫值日曜次）数值较大，则是起立而会，风调雨顺，年丰岁稔，灾害不兴，战乱平息，国土安宁，善力增长，众生安乐。

若宫曜数值较大，则是落座而会，众生忧患，多惊多病，生大怖畏，战乱频仍，死亡相继，权力丧失，来人不睦，多食而不饱。

同一宫中均出现武曜之年，全年极凶；全现文曜之年，大吉大利；文武间杂，吉凶不定，须再观察当月情况。

## 10.05

〔**译文**〕 积年乘 3，重张两位，上位恒加 3，下位恒加 6，二者皆除以 7，所得商余，上位表（临）君（之曜），下位表臣。若减 4 或加 3，则得次年之君臣。君曜虽凶，幻化之臣亦能驾驭。

## 10.06

〔**译文**〕 盛传于泥婆罗之甜头算法。

以第十四胜生周丁亥（1827 年）为历元，置积年，再加 1749①，称为夏迦纪元②，此数乘以 3，除以 7，记其整商数。若推雨水，则用其商余乘之以 2，恒加 5，即示雨情。

前面所记整商数，乘以 3，除以 7，余数乘以 2，恒加 5，连续八次，依序可知，1. 粮，2. 草，3. 冷，4. 热，5. 风，6. 增，7. 减，8. 乱。最小为 5，最大为 17，中间为 12，各自数值大小，显示果相。

又:夏迦纪元积年减去 11,余数除以 4,商余为一者名“入池”,大旱;为二者名“入支”各地或有雨或无雨,粮食欠收;为三者名“遍入”，各地普降大雨；为零者名“洪涝”，河水暴涨。

〔**译解**〕 ① 1827−1749=78 即以公元 78 年为历元。

②张公谨、陈久金《傣历研究》一文中写作“赛迦”（见《中国天文学史文集》第二集，科学出版社 1981 年）；李约瑟《中国科学技术史》中译本数学卷第 24 页也写成“赛迦”。

## 10.07

〔**译文**〕 入宫、交节、中气——季节的固定标志。

置闰余（见 3.01 节），其分子乘六，除以十三，商数为入宫日期[①]，商余的分母为十三，下一位的分母为五，此处（分子）则记为零。此日期、十三分、五分，重张位，其一减去七、二、四[②]。不足减者日期加三十再减；十三分不足减者，日期退一化为十三再减，五分不足减者，由十三分退一化为五再减，即得交节的日期及其十三分，五分。此日期加三十，即上月的节气。

重张位之二加八、三、一。日期满三十者则减去三十，即得中气的日期及其十三分、五分，减去三十即下月的中气。[③]

如果三十日出现中气则这个月重出，是名“无中气则闰”[④]初一日出现中气则闰后一个[⑤]。

〔**译解**〕 ①太阳每月运行整 30 个宫日，也就是按 360° 计算的度。闰周为 65，每一闰分合$\frac{30}{65}$（$=\frac{6}{13}$）宫日，闰周与宫日同时由零开始，所以用 30 乘闰余即得按宫日计算的入宫日期。

② 7 宫日 $=7\frac{14}{65}$太阴日，$7\frac{14}{65}+8\frac{16}{65}=15\frac{30}{65}$。

③本书入宫与节气不一致，其解释见本书《时轮历原理研究》第七节。

④无中气则闰是汉族的办法，藏族的历算家称赞之为“聪明人的办法”加以采用。但计算中气仍用时轮历的数据，所以闰月仍与汉历不一致。

⑤关于这一句话的分析，见《时轮历原理研究》第七节。

## 10.08

〔**译文**〕《白琉璃》求太阳回归粗值法。

五月、十一月的入宫日期和十三分、五分，加 7，2，4，为卫藏地区二至的粗值，加 $4\frac{1}{13}\ \frac{3}{15}$则为（卫藏）二至的细数。

## 10.09

〔**译文**〕 霍尔历五月中气之日期、十三分、五分加九、三、三，为毚日出现之期，此时有墓豖雌雄一双，攀缘南方瞻部波梨叱树，上三天，下三天，树顶停一天，此七日中，雨水变毒，谷物失营，忌汤药等饮用之事。

## 10.10

〔**译文**〕 八月交节之日起，七天之内，澄水星出现，有名为“弃山”之仙人，六个月现于白昼，六个月现于黑夜，一如诸宿。所御宫殿，澄水宝珠，之所构成，往昔天龙仙众，于此聚会，南方海中，诸宝丛集，雪山海中，立像顶髻，水晶宝珠，之所构成。八月交节之日起，七天之内，澄水神殿与牟尼顶髻相值。牟尼发心，仙人谛语，以是因缘，顶髻涌泉，能使一切水流，皆成甘露，此时入水沐浴，能祛百病，清除罪障。

## 10.11

〔**译文**〕 验证法。

交节、入宫、中气、毒水、药水、夏至、冬至（等七种数值），置所求月之太阳基数（见第三章 3.04），加当日太阳平行度，再加由这些表[1]上所查到的十三分和五分，就可得到（验证入宫“中日”等）表中的各种数值。

〔**译解**〕 ①指表 10–1、表 10–2、表 10–3、表 10–4。

## 10.12

〔**译文**〕 由（单数的）闰余直接检出交节、入宫、中气。第四表用法：

第一行是朔望月的闰余（以 65 为分母）。交节栏中有带门楣形括号者用上月太阳基数，中气栏中标有 *（星符）者用下月太阳基数。加平行度和十三分、五分。入宫栏内有符号者，汉历有闰月。

## 10.13

〔**译文**〕 各月闰余如为偶数则用表 10–6，各月的交节、入宫、中气的日期，十三分、五分相加如上法。此表永远通用。

## 10.14

〔译文〕 同理，各月的曜基数按表加平行度、十三分、五分即得验证“中曜”。

〔译解〕此数值因周期太长，无核对表，须临时推算。

〔译文〕（上法求出的）交节、入宫、中气日期的值日曜次①，与“验证”中曜（的曜次）相同时，可以就用该日期写上去。如不同，就是值日曜已过入下一日。那么，曜和太阳的上个数值，连同交节、中气的数值都写入下日的项下。

〔译解〕 ①总而言之，应以验证“中曜”的曜次为准而矫正。日期不符时，推后一天。

②此处 1927 年拉萨版又加一改正值，中曜：2，26，21，1，114；中日：2，15，0，0，0；日期：1。

〔译文〕 三月份的交节、中气、入宫等在前一个十三分上加十二，除以十三，余数即下一个节气、中气等。

## 10.15

〔译文〕 现按萨热大师所传二至（冬至、夏至）周期要诀，把夏至冬至（表 10–7）、药水、毒水（表 10–8）等数值制成速见表。用法：第十四胜生周丁亥年起的积年，恒加 36，除以 65，用其商余检索中间之一栏，其上下即夏至、冬至、药水、毒水之日期及十三分之五分。

〔译解〕 “萨热”是梵语，即“海”。指本书开首的“礼赞”

里所怀念的三位名字里都有“海”字的大师。

## 10.16

〔**译文**〕 按照（印度）阿跋亚大师细讲的在二至（冬至、夏至）前九天日中植圭表测影的方法，实测此地，太阳入双子、人马宫之次日表影变化，似与现在汉地两至日期相符，这是一种可供研究的资料。

但是诺桑嘉措大师[①]说，他在仔唐桑丹寺植圭表测影，太阳在入双子、人马宫后七天，日影发生夏至、冬至的变化，所以在求协时的“总积日”时，定出须减七的办法。

时轮经和占音经所说太阳在双子、人马宫初度时回归，意指南洲东区的中线而言，按照此说，我们所居的这个地段，在南洲东区中线再过去七个宫日之处，若从南洲中区的中线计算，则在其东二十三宫日之处。这是浦派的说法[②]。

〔**译解**〕 表格用法，见表 10–8。

①诺桑嘉措译为善宝海，是藏族历算学者著名的“三海”之一。他所著的《白莲亲传》的历元是公元 1447 年，他又于 1478 年著《时轮经总义》。

②关于南洲中区中线以东 23 宫日的意义，参看第十二章 12.17。这种以地理经度的区别来解释入宫日期与节气不一致的原因是不科学的，详见《时轮历原理研究》第七节。

## 10.17

〔**译文**〕　占凡夫生死休咎。

值日之曜、干支、卦、宫等的吉凶不同，祸福有异，现于眼前乃因缘征兆之故。

间有修证真言得成就者，为祛世间疑虑，因作星命之术，载于汉文逐年历书之中。依曜宿会合，预卜吉凶，以定宜忌，所谓“卜以决疑”而已，浸而事无巨细，咸决于此。五世达赖喇嘛于墨日根十论士所推崇之易经金算极为重视，《白琉璃》一书备采其术。

其术之曜次与时轮体系派之曜次相同，有时虽因“缺日”而生出入，不久即由“重日”补足，又再相符。

〔**译者按**〕以下四节系藏传汉族的占卜术所用基本数值。

## 10.18

〔**译文**〕　其术为：自历元丁亥年起计已过年数，乘以十二，加孟春即霍尔月正月等已过月数，重张两位，下位乘二，恒加三，除以六十五，商数加于上位，得积月。（译者按：此恒加应数与第三、四章所述体系派、作用派之应数皆不同）

积月乘以 30，加所求日期，重张三位，中位加 57，下位加 509，除以 707，商数加于中位，再除以 64，余数为零时，即缺该日，此月为小月。再过 64 天，又得零时，再出现小月。以其商数减上位，是为已过日，或名“总根”（总积日）。

## 10.19

〔**译文**〕 此已过日，重张五位：

第一位加 2，除以 7，余数为曜次，1. 日，2. 月，3. 火，4. 水，5. 木，6. 金，0. 土。

第二位加 4，除以 12，余数为地支，1. 龙，2 蛇，3. 马，4. 羊，5. 猴，6. 鸡，7. 狗，8. 猪，9. 鼠，10. 牛，11. 虎，12. 兔。

第三位加 2，除以 10，余数为该日五行，1、2 为火，3、4 为土，5、6 为金，7、8 为水，9、0 为木。

第四位加 4，除以 9，以商余减 10，如无余数，则以 9 减 10，余数即（该日值日）宫次：1. 白，2. 黑，3. 碧，4. 绿，5. 黄，6. 白，7. 赤，8. 白，9. 紫。

第五位加 0，除以 8，商余为八卦序数，1. 离，2. 坤，3. 兑，4. 乾，5. 坎，6. 艮，7. 震，8. 巽。

## 10.20

〔**译文**〕 每月初一的地支固定为寅或申（单月为寅，双月为申），是以太阴日为前提的，而这些表则是按太阳日去检其主事的曜、干、支、卦、宫的。一般地说，每个太阴日、太阳日以至每一刹那都各有其主事之神，垂示吉凶之果。所以不能绝对化地断定哪个对，哪个不对，必须仔细地综合观察各种各样的征兆。

妙德本初佛祖经中，外时轮品历法数值推算要诀——众种法王精要之第十章，节气终。

### 表 10-1　十三分表

| | 分子<br>单位 | 1 | 2 | 3 | 4 | 5 | 6 | 7 | 8 | 9 | 10 | 11 | 12 | 0 |
|---|---|---|---|---|---|---|---|---|---|---|---|---|---|---|
| 太阴日 | 曜 | 0 | 0 | 0 | 0 | 0 | 0 | 0 | 0 | 0 | 0 | 0 | 0 | 0 |
| | 刻 | 4 | 9 | 13 | 18 | 22 | 27 | 31 | 36 | 40 | 45 | 49 | 54 | 0 |
| | 分 | 32 | 5 | 37 | 10 | 42 | 15 | 48 | 20 | 53 | 25 | 58 | 31 | 0 |
| | 息 | 3 | 1 | 4 | 2 | 5 | 3 | 0 | 4 | 1 | 5 | 2 | 0 | 0 |
| | /707 | 381 | 56 | 438 | 113 | 495 | 170 | 552 | 227 | 609 | 284 | 666 | 341 | 0 |
| 太阳日 | 宿 | 0 | 0 | 0 | 0 | 0 | 0 | 0 | 0 | 0 | 0 | 0 | 0 | 0 |
| | 刻 | 0 | 0 | 1 | 1 | 1 | 2 | 2 | 2 | 3 | 3 | 3 | 4 | 0 |
| | 分 | 20 | 40 | 0 | 20 | 40 | 0 | 21 | 41 | 1 | 21 | 41 | 1 | 0 |
| | 息 | 0 | 1 | 2 | 3 | 4 | 5 | 0 | 1 | 2 | 2 | 3 | 4 | 0 |
| | 67 | 60 | 53 | 46 | 39 | 32 | 25 | 18 | 11 | 4 | 64 | 57 | 50 | 0 |

### 表 10-2　五分表

| | | 1 | 2 | 3 | 4 | 0 | | | 1 | 2 | 3 | 4 | 0 |
|---|---|---|---|---|---|---|---|---|---|---|---|---|---|
| 太阴日平行 | 曜 | 0 | 0 | 0 | 0 | 0 | 太阳日平行 | 宿 | 0 | 0 | 0 | 0 | 0 |
| | 刻 | 0 | 1 | 2 | 3 | 0 | | 刻 | 0 | 0 | 0 | 0 | 0 |
| | 分 | 54 | 49 | 43 | 38 | 0 | | 分 | 4 | 8 | 12 | 16 | 0 |
| | 息 | 3 | 0 | 3 | 0 | 0 | | 息 | 0 | 0 | 0 | 0 | 0 |
| | /707 | 76 | 152 | 228 | 304 | 0 | | /67 | 12 | 24 | 36 | 48 | 0 |

### 表 10-3　两至、雨水表

| 毒水日 | 白琉璃<br>夏至粗数 | 夏至<br>细数 | 汉历<br>夏至 | 药水日 | 白琉璃<br>冬至粗数 | 冬至<br>细数 | 汉历<br>冬至 |
|---|---|---|---|---|---|---|---|
| 5 | 5 | 4 | 4 | 10 | 18 | 18 | 18 |
| 46 | 1 | 49 | 30 | 43 | 31 | 18 | 37 |
| 30 | 30 | 0 | 30 | 30 | 30 | 0 | 30 |
| 0 | 0 | 0 | 0 | 0 | 0 | 0 | |

**表 10–4 入宫、节气表[1]**

| 宫名 | 白羊 | 金牛 | 双子 | 巨蟹 | 狮子 | 室女 | 天秤 | 天蝎 | 人马 | 摩羯 | 宝瓶 | 双鱼 |
|---|---|---|---|---|---|---|---|---|---|---|---|---|
| 交节 | 26 | 1 | 3 | 6 | 9 | 10 | 12 | 15 | 17 | 19 | 21 | 14 |
| | 28 | 43 | 58 | 13 | 28 | 43 | 58 | 13 | 28 | 43 | 58 | 13 |
| | 30 | 30 | 30 | 30 | 30 | 30 | 30 | 30 | 30 | 30 | 30 | 30 |
| | 0 | 0 | 0 | 0 | 0 | 0 | 0 | 0 | 0 | 0 | 0 | 0 |
| 入宫 | 0 | 2 | 4 | 6 | 9 | 11 | 13 | 15 | 18 | 20 | 22 | 24 |
| | 0 | 15 | 30 | 45 | 0 | 15 | 30 | 45 | 0 | 15 | 30 | 45 |
| | 0 | 0 | 0 | 0 | 0 | 0 | 0 | 0 | 0 | 0 | 0 | 0 |
| 中气 | 0 | 2 | 5 | 7 | 9 | 11 | 14 | 16 | 18 | 20 | 23 | 25 |
| | 36 | 51 | 6 | 21 | 36 | 51 | 6 | 21 | 36 | 51 | 6 | 21 |
| | 0 | 0 | 0 | 0 | 0 | 0 | 0 | 0 | 0 | 0 | 0 | 0 |

[1] 由校订者吉毛卓玛补充。

**表 10-5　由闰余（单数）查入宫与节气**

| 闰余 | | 66 | 1 | 3 | 5 | 7 | 9 | 11 | 13 | 15 | 17 | 19 | 21 | 23 | 25 | 27 | 29 | 31 | 33 | 35 | 37 | 39 | 41 | 43 | 45 | 47 | 49 | 51 | 53 | 55 | 57 | 59 | 61 | 63 | 65 |
|---|---|---|---|---|---|---|---|---|---|---|---|---|---|---|---|---|---|---|---|---|---|---|---|---|---|---|---|---|---|---|---|---|---|---|---|
| 交节 | | | | * | * | * | * | * | * | * | | | | | | | | | | | | | | | | | | | | | | | | | |
| | 日 | 23 | 0 | 24 | 25 | 26 | 26 | 27 | 28 | 29 | 30 | 1 | 2 | 3 | 4 | 5 | 6 | 7 | 8 | 8 | 9 | 10 | 11 | 12 | 13 | 14 | 15 | 16 | 17 | 18 | 19 | 20 | 20 | 21 | 22 |
| | 十三分 | 3 | 0 | 2 | 1 | 0 | 12 | 11 | 10 | 9 | 8 | 7 | 6 | 5 | 4 | 3 | 2 | 1 | 0 | 12 | 11 | 10 | 9 | 8 | 7 | 6 | 5 | 4 | 3 | 2 | 1 | 0 | 12 | 11 | 10 |
| | 五分 | 1 | 0 | 1 | 1 | 1 | 1 | 1 | 1 | 1 | 1 | 1 | 1 | 1 | 1 | 1 | 1 | 1 | 1 | 1 | 1 | 1 | 1 | 1 | 1 | 1 | 1 | 1 | 1 | 1 | 1 | 1 | 1 | 1 | 1 |
| | | | | | | | | | | | | | | | | | | | | | | | | | | | | | | | | | | | |
| 入宫 | | | | | | | | | | | | | | | | | | | | | | | | | | | | | | | | | | | |
| | 日 | 30 | 0 | 1 | 2 | 3 | 4 | 5 | 6 | 6 | 7 | 8 | 9 | 10 | 11 | 12 | 13 | 14 | 15 | 16 | 17 | 18 | 18 | 19 | 20 | 21 | 22 | 23 | 24 | 25 | 26 | 27 | 28 | 29 | 30 |
| | 十三分 | 6 | 6 | 5 | 4 | 3 | 2 | 1 | 0 | 12 | 11 | 10 | 9 | 8 | 7 | 6 | 5 | 4 | 3 | 2 | 1 | 0 | 12 | 11 | 10 | 9 | 8 | 7 | 6 | 5 | 4 | 3 | 2 | 1 | 汉 |
| | 五分 | 汉 | 0 | 0 | 0 | 0 | 0 | 0 | 0 | 0 | 0 | 0 | 0 | 0 | 0 | 0 | 0 | 0 | 0 | 0 | 0 | 0 | 0 | 0 | 0 | 0 | 0 | 0 | 0 | 0 | 0 | 0 | 0 | 0 | 历 |
| | | 历 | | | | | | | | | | | | | | | | | | | | | | | | | | | | | | | | | |
| 中气 | | * | | | | | | | | | | | | | | | | | | | | | | | | | | * | * | * | * | * | * | * | * |
| | 日 | 8 | 0 | 9 | 10 | 11 | 12 | 13 | 14 | 15 | 16 | 17 | 17 | 18 | 19 | 20 | 21 | 22 | 23 | 24 | 25 | 26 | 27 | 28 | 29 | 29 | 30 | 1 | 2 | 3 | 4 | 5 | 6 | 7 | 8 |
| | 十三分 | 9 | 0 | 8 | 7 | 6 | 5 | 4 | 3 | 2 | 1 | 0 | 12 | 11 | 10 | 9 | 8 | 7 | 6 | 5 | 4 | 3 | 2 | 1 | 0 | 12 | 11 | 10 | 9 | 8 | 7 | 6 | 5 | 4 | 3 |
| | 五分 | 1 | 0 | 1 | 1 | 1 | 1 | 1 | 1 | 1 | 1 | 1 | 1 | 1 | 1 | 1 | 1 | 1 | 1 | 1 | 1 | 1 | 1 | 1 | 1 | 1 | 1 | 1 | 1 | 1 | 1 | 1 | 1 | 1 | 11 |
| | | | | | | | | | | | | | | | | | | | | | | | | | | | | | | | | | | | |

## 表 10-6　由闰余（双数）查入宫、节气

| 闰余 | | 0 | 2 | 4 | 6 | 8 | 10 | 12 | 14 | 16 | 18 | 20 | 22 | 24 | 26 | 28 | 30 | 32 | 34 | 36 | 38 | 40 | 42 | 44 | 46 | 48 | 50 | 52 | 54 | 56 | 58 | 60 | 62 | 64 |
|---|---|---|---|---|---|---|---|---|---|---|---|---|---|---|---|---|---|---|---|---|---|---|---|---|---|---|---|---|---|---|---|---|---|---|
| 交节 | | | | * | * | * | * | * | * | | | | | | | | | | | | | | | | | | | | | | | | | |
| | 日 | 0 | 23 | 24 | 25 | 26 | 27 | 28 | 29 | 30 | 1 | 2 | 2 | 3 | 4 | 5 | 6 | 7 | 8 | 9 | 10 | 11 | 12 | 13 | 14 | 14 | 15 | 16 | 17 | 18 | 19 | 20 | 21 | 22 |
| | 十三分 | 0 | 9 | 8 | 7 | 6 | 5 | 4 | 3 | 2 | 1 | 0 | 12 | 11 | 10 | 9 | 8 | 7 | 6 | 5 | 4 | 3 | 2 | 1 | 0 | 12 | 11 | 10 | 9 | 8 | 7 | 6 | 5 | 4 |
| | 五分 | 0 | 1 | 1 | 1 | 1 | 1 | 1 | 1 | 1 | 1 | 1 | 1 | 1 | 1 | 1 | 1 | 1 | 1 | 1 | 1 | 1 | 1 | 1 | 1 | 1 | 1 | 1 | 1 | 1 | 1 | 1 | 1 | 1 |
| | | | | | | | | | | | | | | | | | | | | | | | | | | | | | | | | | | |
| 入宫 | | | | | | | | | | | | | | | | | | | | | | | | | | | | | | | | | | |
| | 日 | 0 | 0 | 1 | 2 | 3 | 4 | 5 | 6 | 7 | 8 | 9 | 10 | 11 | 12 | 12 | 13 | 14 | 15 | 16 | 17 | 18 | 19 | 20 | 21 | 22 | 23 | 24 | 24 | 25 | 26 | 27 | 28 | 29 |
| | 十三分 | 0 | 12 | 11 | 10 | 9 | 8 | 7 | 6 | 5 | 4 | 3 | 2 | 1 | 0 | 12 | 11 | 10 | 9 | 8 | 7 | 6 | 5 | 4 | 3 | 2 | 1 | 0 | 12 | 11 | 10 | 9 | 8 | 7 |
| | 五分 | 0 | 0 | 0 | 0 | 0 | 0 | 0 | 0 | 0 | 0 | 0 | 0 | 0 | 0 | 0 | 0 | 0 | 0 | 0 | 0 | 0 | 0 | 0 | 0 | 0 | 0 | 0 | 0 | 0 | 0 | 0 | 0 | 0 |
| | | | | | | | | | | | | | | | | | | | | | | | | | | | | | | | | | | |
| 中气 | | | | | | | | | | | | | | | | | | | | | | | | | | | * | * | * | * | * | * | * | * |
| | 日 | 0 | 9 | 10 | 11 | 11 | 12 | 13 | 14 | 15 | 16 | 17 | 18 | 19 | 20 | 21 | 22 | 23 | 23 | 24 | 25 | 26 | 27 | 28 | 29 | 30 | 1 | 2 | 3 | 4 | 5 | 5 | 6 | 7 |
| | 十三分 | 0 | 2 | 1 | 0 | 12 | 11 | 10 | 9 | 8 | 7 | 6 | 5 | 4 | 3 | 2 | 1 | 0 | 12 | 11 | 10 | 9 | 8 | 7 | 6 | 5 | 4 | 3 | 2 | 1 | 0 | 12 | 11 | 10 |
| | 五分 | 0 | 1 | 1 | 1 | 1 | 1 | 1 | 1 | 1 | 1 | 1 | 1 | 1 | 1 | 1 | 1 | 1 | 11 | 1 | 1 | 1 | 1 | 1 | 1 | 1 | 1 | 1 | 1 | 1 | 1 | 1 | 1 | 1 |
| | | | | | | | | | | | | | | | | | | | | | | | | | | | | | | | | | | |

## 表 10-7 由闰余查夏至、冬至

| 夏至 | 日期 | 9 | 20 | 1 | 12 | 23 | 4 | 15 | 26 | 7 | 18 | 29 | 10 | 21 | 3 | 14 | 25 | 6 | 17 | 28 | 9 | 20 | 1 | 12 | 23 | 4 | 15 | 27 | 8 | 19 | 30 | 11 | 22 | 3 |
|---|---|---|---|---|---|---|---|---|---|---|---|---|---|---|---|---|---|---|---|---|---|---|---|---|---|---|---|---|---|---|---|---|---|---|
| | 十三分 | 0 | 1 | 2 | 3 | 4 | 5 | 6 | 7 | 8 | 9 | 10 | 11 | 12 | 0 | 1 | 2 | 3 | 4 | 5 | 6 | 7 | 8 | 9 | 10 | 11 | 12 | 0 | 1 | 2 | 3 | 4 | 5 | 6 |
| | 五分 | 4 | 4 | 4 | 4 | 4 | 4 | 4 | 4 | 4 | 4 | 4 | 4 | 4 | 4 | 4 | 4 | 4 | 4 | 4 | 4 | 4 | 4 | 4 | 4 | 4 | 4 | 4 | 4 | 4 | 4 | 4 | 4 | 4 |
| 65 商余 | | 1 | 2 | 3 | 4 | 5 | 6 | 7 | 8 | 9 | 10 | 11 | 12 | 13 | 14 | 15 | 16 | 17 | 18 | 19 | 20 | 21 | 22 | 23 | 24 | 25 | 26 | 27 | 28 | 29 | 30 | 31 | 32 | 33 |
| 冬至 | 日期 | 14 | 25 | 6 | 17 | 28 | 9 | 21 | 2 | 13 | 24 | 5 | 6 | 27 | 8 | 19 | 30 | 11 | 22 | 3 | 15 | 26 | 7 | 18 | 29 | 10 | 21 | 2 | 13 | 24 | 5 | 16 | 27 | 9 |
| | 十三分 | 7 | 8 | 9 | 10 | 11 | 12 | 0 | 1 | 2 | 3 | 4 | 5 | 6 | 7 | 8 | 9 | 10 | 11 | 12 | 0 | 1 | 2 | 3 | 4 | 5 | 6 | 7 | 8 | 9 | 10 | 11 | 12 | 0 |
| | 五分 | 4 | 4 | 4 | 4 | 4 | 4 | 4 | 4 | 4 | 4 | 4 | 4 | 4 | 4 | 4 | 4 | 4 | 4 | 4 | 4 | 4 | 4 | 4 | 4 | 4 | 4 | 4 | 4 | 4 | 4 | 4 | 4 | 4 |
| 夏至 | 日期 | 14 | 25 | 6 | 17 | 28 | 9 | 21 | 2 | 13 | 24 | 5 | 16 | 27 | 8 | 19 | 30 | 11 | 22 | 3 | 10 | 26 | 7 | 18 | 29 | 10 | 21 | 2 | 13 | 24 | 5 | 16 | 27 | |
| | 十三分 | 7 | 8 | 9 | 10 | 11 | 12 | 0 | 1 | 2 | 3 | 4 | 5 | 6 | 7 | 8 | 9 | 10 | 11 | 12 | 0 | 1 | 2 | 3 | 4 | 5 | 6 | 7 | 8 | 9 | 10 | 11 | 12 | |
| | 五分 | 4 | 4 | 4 | 4 | 4 | 4 | 4 | 4 | 4 | 4 | 4 | 4 | 4 | 4 | 4 | 4 | 4 | 4 | 4 | 4 | 4 | 4 | 4 | 4 | 4 | 4 | 4 | 4 | 4 | 4 | 4 | 4 | |
| 积年 / 65 商余 | | 34 | 35 | 36 | 37 | 38 | 39 | 40 | 41 | 42 | 43 | 44 | 45 | 46 | 47 | 48 | 49 | 50 | 51 | 52 | 53 | 54 | 55 | 56 | 57 | 58 | 59 | 60 | 61 | 62 | 63 | 64 | 65 | |
| 冬至 | 日期 | 20 | 1 | 12 | 23 | 4 | 15 | 26 | 7 | 18 | 29 | 10 | 21 | 3 | 14 | 25 | 6 | 17 | 28 | 9 | 20 | 1 | 12 | 23 | 4 | 15 | 27 | 8 | 19 | 30 | 11 | 22 | 3 | |
| | 十三分 | 1 | 2 | 3 | 4 | 5 | 6 | 7 | 8 | 9 | 10 | 11 | 12 | 0 | 1 | 2 | 3 | 4 | 5 | 6 | 7 | 8 | 9 | 10 | 11 | 12 | 0 | 1 | 2 | 3 | 4 | 5 | 6 | |
| | 五分 | 4 | 4 | 4 | 4 | 4 | 4 | 4 | 4 | 4 | 4 | 4 | 4 | 4 | 4 | 4 | 4 | 4 | 4 | 4 | 4 | 4 | 4 | 4 | 4 | 4 | 4 | 4 | 4 | 4 | 4 | 4 | 4 | |

**表 10-8 由闰余查药水日、毒水日**

| 药沓 | 日期 | 27 | 8 | 19 | 30 | 11 | 22 | 3 | 14 | 26 | 7 | 18 | 29 | 10 | 21 | 2 | 13 | 24 | 5 | 16 | 27 | 8 | 20 | 1 | 12 | 23 | 4 | 15 | 26 | 7 | 18 | 29 | 10 | 21 |
|---|---|---|---|---|---|---|---|---|---|---|---|---|---|---|---|---|---|---|---|---|---|---|---|---|---|---|---|---|---|---|---|---|---|---|
| | 十三分 | 5 | 6 | 7 | 8 | 9 | 10 | 11 | 12 | 0 | 1 | 2 | 3 | 4 | 5 | 6 | 7 | 8 | 9 | 10 | 11 | 12 | 0 | 1 | 2 | 3 | 4 | 5 | 6 | 7 | 8 | 9 | 10 | 11 |
| | 五分 | 1 | 1 | 1 | 1 | 1 | 1 | 1 | 1 | 1 | 1 | 1 | 1 | 1 | 1 | 1 | 1 | 1 | 1 | 1 | 1 | 1 | 1 | 1 | 1 | 1 | 1 | 1 | 1 | 1 | 1 | 1 | 1 | 1 |
| 积年 / 65 商余 | | 1 | 2 | 3 | 4 | 5 | 6 | 7 | 8 | 9 | 10 | 11 | 12 | 13 | 14 | 15 | 16 | 17 | 18 | 19 | 20 | 21 | 22 | 23 | 24 | 25 | 26 | 27 | 28 | 29 | 30 | 31 | 32 | 33 |
| 毒沓 | 日期 | 19 | 30 | 11 | 22 | 3 | 14 | 22 | 6 | 17 | 29 | 10 | 21 | 2 | 13 | 24 | 5 | 16 | 27 | 8 | 19 | 30 | 11 | 23 | 4 | 15 | 26 | 7 | 18 | 29 | 10 | 21 | 2 | 13 |
| | 十三分 | 4 | 5 | 6 | 7 | 8 | 9 | 10 | 11 | 12 | 0 | 1 | 2 | 3 | 4 | 5 | 6 | 7 | 8 | 9 | 10 | 11 | 12 | 0 | 1 | 2 | 3 | 4 | 5 | 6 | 7 | 8 | 9 | 10 |
| | 五分 | 4 | 4 | 4 | 4 | 4 | 4 | 4 | 4 | 4 | 4 | 4 | 4 | 4 | 4 | 4 | 4 | 4 | 4 | 4 | 4 | 4 | 4 | 4 | 4 | 4 | 4 | 4 | 4 | 4 | 4 | 4 | 4 | 4 |
| 药沓 | 日期 | 2 | 14 | 25 | 6 | 17 | 28 | 9 | 20 | 1 | 12 | 23 | 4 | 15 | 26 | 8 | 19 | 30 | 11 | 22 | 3 | 14 | 25 | 6 | 17 | 28 | 9 | 20 | 2 | 13 | 24 | 5 | 16 | |
| | 十三分 | 12 | 0 | 1 | 2 | 3 | 4 | 5 | 6 | 7 | 8 | 9 | 10 | 11 | 12 | 0 | 1 | 2 | 3 | 4 | 5 | 6 | 7 | 8 | 9 | 10 | 11 | 12 | 0 | 1 | 2 | 3 | 4 | |
| | 五分 | 1 | 1 | 1 | 1 | 1 | 1 | 1 | 1 | 1 | 1 | 1 | 1 | 1 | 1 | 1 | 1 | 1 | 1 | 1 | 1 | 1 | 1 | 1 | 1 | 1 | 1 | 1 | 1 | 1 | 1 | 1 | 1 | |
| 积年 / 65 商余 | | 34 | 35 | 36 | 37 | 38 | 39 | 40 | 41 | 42 | 43 | 44 | 45 | 46 | 47 | 48 | 49 | 50 | 51 | 52 | 53 | 54 | 55 | 56 | 57 | 58 | 59 | 60 | 61 | 62 | 63 | 64 | 65 | |
| 毒沓 | 日期 | 24 | 5 | 17 | 28 | 9 | 20 | 1 | 12 | 23 | 4 | 15 | 26 | 7 | 18 | 29 | 11 | 22 | 3 | 14 | 25 | 6 | 17 | 28 | 9 | 20 | 1 | 12 | 23 | 5 | 16 | 27 | 8 | |
| | 十三分 | 11 | 12 | 0 | 1 | 2 | 3 | 4 | 5 | 6 | 7 | 8 | 9 | 10 | 11 | 12 | 0 | 1 | 2 | 3 | 4 | 5 | 6 | 7 | 8 | 9 | 10 | 11 | 12 | 0 | 1 | 2 | 3 | |
| | 五分 | 4 | 4 | 4 | 4 | 4 | 4 | 4 | 4 | 4 | 4 | 4 | 4 | 4 | 4 | 4 | 4 | 4 | 4 | 4 | 4 | 4 | 4 | 4 | 4 | 4 | 4 | 4 | 4 | 4 | 4 | 4 | 4 | |

**表 10–9　七曜、十二支、五行、九宫、八卦对应表**

| | | | | | | | | | | | | |
|---|---|---|---|---|---|---|---|---|---|---|---|---|
| 七曜 | 1<br>日 | | 2<br>月 | | 3<br>火 | | 4<br>水 | | 5<br>木 | | 6<br>金 | 0<br>土 |
| 十二支 | 1<br>龙 | 2<br>蛇 | 3<br>马 | 4<br>羊 | 5<br>猴 | 6<br>鸡 | 7<br>狗 | 8<br>猪 | 9<br>鼠 | 10<br>牛 | 11<br>虎 | 0<br>兔 |
| 五行 | 1<br>火 | 2<br>火 | 3<br>土 | 4<br>土 | 5<br>铁 | 6<br>铁 | 7<br>水 | 8<br>水 | 9<br>木 | 0<br>木 | | |
| 九宫 | 1<br>白 | 2<br>黑 | 3<br>碧 | 4<br>绿 | 5<br>黄 | 6<br>白 | 7<br>赤 | 8<br>白 | 0<br>紫 | | | |
| 八卦 | 1<br>离 | 2<br>坤 | 3<br>兑 | 4<br>乾 | 5<br>坎 | 6<br>艮 | 7<br>震 | 0<br>巽 | | | | |

# 例　题

第十六胜生周戊午年（公元 1978）霍尔历三月

## （一）求入宫、交节、中气之近似值

由第三章〔例一〕已知闰余为$\frac{14}{65}$

入宫：$44\times6\div13=20$ 日$\frac{4}{13}$ $\frac{0}{5}$

所以 20 日太阳入白羊宫

交节：$20\ \frac{4}{13}\ \ \frac{0}{5}-7\ \frac{2}{13}\ \ \frac{4}{5}=13$ 日$\frac{1}{13}$ $\frac{1}{5}$

中气：$20\ \frac{4}{13}\ \ \frac{0}{5}+8\ \frac{3}{13}\ \ \frac{1}{5}=28$ 日$\frac{7}{13}$ $\frac{1}{5}$

## （二）验证入宫时刻

| | | | | | |
|---|---|---|---|---|---|
| 由第三章〔例一〕太阳基数为： | 25 | 31 | 20 | 3 | 39 |
| 由第三章表 3–1，20 日太阳平行度： | $1^{k}$ | $27^{q}$ | 18 | 4 | 56 |
| 由第十章表 10–1 十三分表：分子： | 0 | 1 | 20 | 3 | 39 |
| 由第十章表 10–3，$\frac{0}{5}$： | 4 | | | | |
| | + 0 | 0 | 0 | 0 | 0 |
| | 26 | 59 | 58 | 10 | 67⌊134 |
| | + 1 | + 1 | + 2 | + 2 | 2 |
| | 27⌊27 | 60⌊60 | 60⌊60 | 6⌊12 | ⋮ |
| | 1 | 1 | 1 | 2 | ⋮ |
| 三月入宫验证“中日”： | ⋮ | ⋮ | ⋮ | ⋮ | ⋮ |
| | 0 | 0 | 0 | 0 | 0 |
| 与表 10–4 白羊宫入宫栏 | 0 | 0 | 0 | | |

检验相符无误。

## （三）求入宫时刻确值

| | | | | | |
|---|---|---|---|---|---|
| 由第三章例一，三月曜基数： | $6^{z}$ | $45^{q}$ | 54′ | 4″ | 304‴ |
| 由第三章表 3–1，20 日太阴日平行： | 5 | 41 | 13 | 2 | 320 |
| 由第十章表 10–1，$\frac{4}{13}$ 曜十三分： | 0 | 18 | 10 | 2 | 112 |
| 由第十章表 10–2，$\frac{0}{5}$ 曜五分： | + 0 | 0 | 0 | 0 | 0 |

| | | | | | |
|---|---|---|---|---|---|
| | 11 | 104 | 77 | 8 | 707⌊734 |
| | +1 | +1 | +1 | +1 | 1 |
| | 7⌊12 | 60⌊105 | 60⌊78 | 6⌊9 | ⋮ |
| | 1 | 1 | 1 | 1 | ⋮ |
| | ⋮ | ⋮ | ⋮ | ⋮ | ⋮ |
| | ⋮ | ⋮ | ⋮ | ⋮ | ⋮ |
| 三月入白羊宫验证“中曜”： | $5^z$ | $45^q$ | 18′ | 3″ | 27‴ |
| 而三月入宫日之定曜为： | $6^z$ | $2^q$ | | | |
| 据此把入宫日粗数改正为： | 21 日 | $45^q$ | 18′ | 3″ | 27‴ |

## （四）承上，交节近似值为：13 日$\frac{1}{13}$　$\frac{1}{5}$

| | | | | | |
|---|---|---|---|---|---|
| 三月朔太阳基数： | $25^k$ | $31^q$ | 21′ | 3″ | 39‴ |
| 13 天太阳平行度： | 0 | 56 | 45 | 1 | 23 |
| 由本章十三分表： | 0 | 0 | 20 | 0 | 60 |
| 由本章五分表： | 0 | 0 | 4 | 0 | 12 |
| 三月十三日交节确值： | $26^k$ | $28^q$ | 30′ | 0″ | 0‴ |
| 用本章第三表检验相符无误。 | 26 | 28 | 30 | 0 | 0 |
| 三月朔曜基数： | $6^k$ | $45^q$ | 54′ | 4″ | 304‴ |
| 十三天太阴日平行： | 5 | 47 | 47 | 4 | 208 |
| 由本章表 10–1 十三分表 1： | 0 | 4 | 32 | 3 | 381 |
| 由本章表 10–2 五分表 1： | +0 | 0 | 54 | 3 | 74 |
| 交节日验证“中曜”： | $5^z$ | $39^q$ | 9′ | 3″ | 262‴ |

而“定曜”的曜次为 $6^{z}$，据此把交节日期改正为 14 日。

结果：三月交节确值为 14 日 39 漏刻 9 分 3 $\frac{268}{707}$ 息。

## （五）求中气确值。承上，中气近似值为 28 日 $\frac{7}{13}$ $\frac{1}{5}$

| | | | | | |
|---|---|---|---|---|---|
| 三月朔太阳基数： | $25^{k}$ | $31^{q}$ | $20'$ | $3''$ | $39'''$ |
| 廿八天太阳平行： | 2 | 2 | 14 | 1 | 65 |
| 由本章表 10–1 十三分表 7： | 0 | 2 | 21 | 0 | 18 |
| 由本章表 10–2 五分表 1： | + 0 | 0 | 4 | 0 | 12 |
| 中气验证“中日”： | 0 | 36 | 0 | | |
| 与表 10–5 核对：符合无误 | 0 | 36 | 0 | | |
| 三月朔曜基数： | $6^{k}$ | $45^{q}$ | $54'$ | $4''$ | $304'''$ |
| 廿八天太阴日平行： | 6 | 33 | 42 | 4 | 448 |
| 查表 10–1 十三分表 7： | 0 | 31 | 48 | 0 | 596 |
| 查五分表 1： | + 0 | 0 | 54 | 3 | 76 |
| 中气验证“中曜”： | $6^{z}$ | $52^{q}$ | $20'$ | $2''$ | $10'''$ |

据上把日期改为 29 日，结果为：29 日 52 漏刻 20 分 2 $\frac{10}{707}$ 息。

# 第十一章 速算法和表格用法

## 11.01

〔**译文**〕 三月的闰余（65 的分子），遇有闰月时则用二月的闰余乘 6，除以 13，除不尽有余数时，商数加一，即得太阳粗数（简称粗日）的日期。

又法：前一年的粗日日期加 11，粗日为三十日之年则加 12。满三十者减去，所余即是（本年之）粗日日期。

〔**译解**〕 粗日是岁首太阳入白羊宫日期的近似值。参看 11.61 节。

## 11.02

〔**译文**〕 同理，作用派与体系派各自的角宿月的太阳基数，有闰月时用翼宿月太阳基数,加以上面求得之（粗日）日期的（太阳）平行弧度（见 3.05 和 9.21 节），如稍小于太阳每个太阴日平行度（4 弧刻 21 分 5 息）即作用派与体系派各自的粗日。

〔**译解**〕 这是一种验算法，如大于 4 弧刻 21 分 5 息即计算有误。

## 11.03

〔**译文**〕 此数与未加日期差数的太阴日平行之曜基数相加，即得“粗曜”。按体系派运算者,其子位乘 67,除以 707 成六位数。

〔**译解**〕即粗日日期的太阴日平行（表见 3.05 节）与曜基数相加。粗曜即太阴日结束时刻的近似值。

## 11.04

〔**译文**〕 作用与体系两派的粗日的刻数乘以 60，加入分位，除以 135，商数为分，余数乘 6，又加（入息位）又除（以 135）得息数，余数在体系派则乘 67，加入第五子位，除以 135，应除尽无余数。作用派则乘以 13，加入子位，除以 135，可能有余数。宿位与刻位商数皆为零。

〔**译解**〕 除以 135 的意义参看 3.10 节注②。

## 11.05

〔**译文**〕“求三士”。

上述得数重张三位，分别乘以 1、4、6（依次名为下士、中士、上士）。上述作用派子位除后如果有余数（体系派则必无余数）乘以 4，6，除以 135，够除者其商数加于十三分之分子中（然后依上法乘得三士之数，计算六宫“共值”时即上述之三士于粗日、粗曜中分别加减即得）。

〔**译解**〕“三士”相当于日历表中的盈缩损益率（参看 3.09 节）。

## 11.06

〔**译文**〕粗曜和粗日重张六位，每位标以两个宫名，白羊宫与室女宫以“月果”（即以 1 乘得之积）减，双鱼与天秤则加（月果）；金牛、狮子减“水果”（即以 4 乘得之积），宝瓶、天蝎则加（水果）；双子、巨蟹减“时果”（即以 6 乘得之积），人马、摩羯则加（时果）。即得作用派与体系派各自的这一年的六宫的“共值”。

## 11.07

〔**译文**〕又法：两派各自的前一年所有六宫的“共值”按此表 11–1、表 11–2 减数表）减之。

## 11.08

〔**译文**〕 不足减时,按下面的加数表（第三、四表）加后再减,亦可得该年六宫的“共值”。

## 11.09

〔**译文**〕 粗日为零之年，六宫的共值不必费事去推算，因粗日各位均为零，有该年的“粗曜”一数即可。

仅粗曜一数为零之年,月、水、时三果从曜周期（7）借一而减。

## 11.10

〔**译文**〕 粗曜、粗日都为零时，这一年的六宫没有公共数值，体系派的粗日，十三年后回到零，足十三时作为零计算。作用派粗日为十五或十六，所带分位小于17者，粗日作为零。（日曜）两粗数并为零者，其次年之共值求法：（零年之）前一年的共值减去“曜减数”（曜减数见表11–5，体系派为4、49、14、3、38、171，作用派为4、49、16、0），即得粗曜。

## 11.11

〔**译文**〕 查表快算法[①]。

所求月之太阳基数，加所求日之（太阳）平行度[②]以太阳粗数减之。从三月初一起至“中日”到达白羊宫之前，需加前一年的“共值”，得半定曜。又置三月的中日，减去前一年的粗数，以所得差数去查半定表。在表的下栏里按白羊等宫序查得六宫中该宫的共值，加（于中日），得半定曜和定日。

〔**译解**〕①以下所用各表均不在本书内，见《白莲亲传后编》，但该书难得，较易得者为固什·罗桑弥觉多吉的《极显明灯论》的附表，通称《算表渊海》，有北京版。

②见3.05节表。

## 11.12

〔**译文**〕“整数”（见3.03节）加日期，除以14，太阴日在14以下者，以商数定正负[1]做出标记。以商余与零数查整数零数表。此表上下循环使用，除最后一栏外，每两表有四个“零数”顺序逆序地循环，以上面的两个零数查上面的顺序行，以下面的两个零数查下面的逆序行，以各自所直对的一栏（中的数值）去加减半定曜，即得定曜。

〔**译解**〕①以商数定加减法见3.07、3.08两节。1，3则加;0，2，4则减。

## 11.13

〔**译文**〕定日重张两位，其一以54乘日期表（按即太阴超行表）加之，再以（定曜的）曜位以下数值减之，得太阳日月宿。

另一个（定）日加月（宿）即得“会合”。

求作用：以日期查表即得。

〔**译解**〕参看 3.12、3.13、3.14 节。

## 11.14

〔**译文**〕 出现重日时，其中前一日数值的处理法：日期栏中的前一个曜日下面的刻位满 60 也不进位。置这一天的定日，以 54 乘日期加之，再以 60 减之，得太阳日月宿。日月相加得“会合”。写上“重”字,并在中间划一直线将两天数值分开。后一曜、刻以 60 除之，求月宿如常法。得数依次写在各该日项下。

## 11.15

〔**译文**〕 如果同一个曜连续出现两次，刻位较大的那一天就是“缺日”；如果某一个曜跳过去了成为空白，其中刻位较小的一个就是“重日”。

〔**译解**〕 这一段可总结为八个字：“重者缺大，缺者重小。”原理见第 3.16 节。

## 11.16

〔**译文**〕 罗睺表用法。

积月加 101，除以 230，以商余查（ཛ 字）表，上下两栏分别为望日、晦日（之罗睺行度）。

## 五曜速算法

### 11.17

〔**译文**〕 先按前面所讲的基本公式求出这一年角宿月望日的公积日，其中 64 的商余小于 15 者做出标记。

〔**译解**〕 见 6.01 节。

### 11.18

〔**译文**〕 用累加法求各月望、晦之公积日：在前一公积日的三位数值（连同 64 和 707 的商余）各加 15 即得（15 天以后的公积日）。但 64 除得之商数，从上位中有可减时（即满 64 时应减去 64，并从上位中减去 1）须做出标记。

### 11.19

〔**译文**〕 用累加法求五曜望、晦的“殊日”。

先按上述方法求出角宿月的五曜的“殊日”，然后加 14 或 15 即得后 15 天的殊日，（64 的分子）有 × 标记者加 14，无标志者加 15。于两文曜则（在加这个 14 或 15 之前）水曜先用 100 乘，金曜先用 10 乘之，然后再加，加后满各自周期者减去，取其余数，即得所求日的“殊日”。

〔**译解**〕 求殊日的基本公式及数据见 6.03 节。

## 11.20

〔**译文**〕 用累加法求望、晦的太阳日的“中日”:以前一个“中日”加（入月）日期（乘太阳平行弧长），公积日有 × 标记者加 14 日的太阳日平行弧长，无标记者加 15 日的平行弧长，即得三武曜的检步，两文曜的迟行中数。上月三十日的“中日”就是下个月的太阳基数。

〔**译解**〕 中日相当于外行星的迟行中数和两文曜的“检步”，见 6.04、6.05 两节。

## 11.21

〔**译文**〕 太阳日“共值”的求法。

该年三月之太阳基数，有闰月时用二月太阳基数，加该（粗）日之（太阳）平行弧长，得数应该小于（太阳）每太阳日的平、行弧长①是为该年之（太阳日之）共值。

〔**译解**〕 ①见 9.21 节。

## 11.22

〔**译文**〕 求水、金二曜之共值：将上项共值的刻数乘以 60，加入分位，除以 135，商数为分位，商余乘 6，加于息位，除以 135，商数为息位，商余乘以 149209，加入子位，除以 135，商数为子位，应无余数，是为金、水之共值。

## 11.23

〔**译文**〕 将上项得数，上下两层各写三个，上层三个分别乘以方（10）、山（7）、火（3）;下层三个分别乘以箭（5）、水（4）、色（1），自下而上以 149209（及 6，60）等收之，依次命名为“方果”（10），“山果”（7），“火果”（3）等，记录之。

## 11.24

〔**译文**〕 将上面求得的太阳的“共值”上下两层各写六遍。

求水曜，上层六数，第一个加“方（10）果”，第二个减之；第三个加“山（7）果”，第四个减之；第五个加“火（3）果”，第六个减之。

## 11.25

〔**译文**〕 求金曜，下层六数，第一个加“箭（5）果”，第二个减之；第三个加“水（4）果”，第四个减之；第五个加“色（1）果”，第六个减之。

## 11.26

〔**译文**〕 加以方、山、火之果和箭、水、色之果，凡加者记为正值，减者记为负值，都直接写在各数值自己的顶上，即是水、金两曜之共值。

## 11.27

〔**译文**〕 这一年的“共值”如果是零，用前一年的粗日和共值去加、减。

角宿月（有闰则用翼宿月）的闰余乘 30，再除以 65，得太阳日的粗日所达之日，有余数时，除以 5，商数为 13 分，商余为 5 分。

〔**译解**〕 参看 11.01 节。$\frac{30}{65}=\frac{6}{13}$。

## 11.28

〔**译文**〕 中型表用法。

求三武曜迟行定数，即以“殊日”查 ༣ 字表，有同数者表格内即是“迟定”，无同数者，取近旁较小的一个。此数与跳过去的日期数末尾的字母顺序表，同位相加，得三武曜的迟行定数。

## 11.29

〔**译文**〕 求两文曜的检步（ཐ 字表）。

水曜的“殊日”除以 100，金曜除以 10，以商数查检步栏，以商余查共值栏，二者相加，水曜的子位除以 8797，金曜除以 749，按率进位，得两文曜的检步。

## 11.30

〔**译文**〕 公同表用法，即文迟武检表（ཏ 字表）。

某日太阳日平行度加太阳基数，即三武检步，此数写两遍，其一以太阳共值减之，在表的上栏内找相同的数值，找到后看与他相对的中栏水曜表，下栏金曜表（是迟行中数），再用与表的序数相同者的共值按（六个）步数的序数分别加之，即得水、金曜的迟行定数。这一年的共值如果是零，则用前一年的粗数和共值。

## 11.31

〔**译文**〕 疾行定数表用法。

用各自的迟行定数去减检步，子位弃去不用。不足减者加一周（27）再减，差数大于半周（13 刻 30 分）者减去，未减者为顺序，已减者为逆序，减后的差数之分位如大于 30，刻位加一，此差数宿位乘以 60，加入刻位，用此数查 ད 字表，未减半周者查顺序行，已减者查逆序行，查得之数与各自的迟行定数加减——顺序者加，逆序者减，所得即五曜的疾行定数，分位以上大致准确。四种行等求法如前。

〔**译解**〕 以上五表见《算表渊海》一书。

**11.32**

〔**译文**〕 作用派年主表用法。

第十四胜生周丁亥年起计算积年，加 78，除以 317，用商余查之。

**11.33**

〔**译文**〕 大自在天表用法。

作用派年主之曜位乘以 60，加入刻位，以此数查该年（大自在天与邬摩妃）遇合表。

**11.34**

〔**译文**〕 君臣表用法。

积年加 2，除以 7，用商余查表，上栏为君，下栏为臣，此表永远通用。

## 11.35

〔**译文**〕 甜头算表用法。

夏迦积年乘以 3，除以 7，用商余查表得雨情。商数乘 3，除以 7，以商余写八遍，逐项查表。

## 11.36

〔**译文**〕 罗睺表用法（第十表）。

第十四胜生周丁亥年起的积月加 100，乘以 2，望日加 1，晦日加 2，满 460 者减去。余数置前后两位，以后位去减 460，此差数又写两遍，后者满 230 则减去，不满者加 230，三者分别皆除以 23，各以商数查表的中间一栏，取其上栏为“共值”，以商余也查中间一栏，取其下栏为半月行度。三者分别（各以共值与半月行度）相加，即得罗睺基数、头、尾。

## 11.37

并非乐于浪费笔墨，
乃为隐士便于携带，
依随诸多前贤所传，
造此简明诸表备用。
以六种加行，大手印瑜伽，
红白种子行，能破螺阴母。

内外别罗睺，能蔽太阴阳，
正乃其本相，祈愿长胜利！

妙德本初佛祖经中，外时轮品历法数值推算要诀——众种法王精要之第十一章，速算法和表格用法终。

**表 11-1　从上年的共值的曜、日中应减去的数值表**

**（减后即得本年数值）（体系派）（11.07 节用）**

| 5 |  | 0 | 5 |  | 0 | 5 |  | 0 | 5 |  | 0 |
|---|---|---|---|---|---|---|---|---|---|---|---|
| 48 | 粗曜 | 0 | 48 | 白羊 | 0 | 48 | 金牛 | 0 | 48 |  | 0 |
| 18 |  | 20 | 18 |  | 20 | 17 |  | 19 | 17 | 双子 | 19 |
| 1 | 粗日 | 0 | 0 | 室女 | 0 | 4 | 狮子 | 3 | 2 | 巨蟹 | 1 |
| 40 |  | 60 | 47 |  | 60 | 1 |  | 21 | 15 |  | 35 |
| 329 |  |  | 329 |  |  | 329 |  |  | 329 |  |  |
| 月（一） | 水（四） | 时（六） | 5 |  | 0 | 5 |  | 0 | 5 |  | 0 |
| 0 | 0 | 0 | 48 | 天秤 | 0 | 48 | 天蝎 | 0 | 48 | 人马 | 0 |
| 0 | 0 | 0 | 18 |  | 20 | 18 |  | 20 | 19 |  | 21 |
| 0 | 0 | 0 | 2 | 双鱼 | 1 | 5 | 宝瓶 | 4 | 0 | 摩羯 | 0 |
| 0 | 3 | 5 | 33 |  | 53 | 12 |  | 32 | 65 |  | 18 |
| 60 | 39 | 25 | 329 |  |  | 329 |  |  | 329 |  |  |

**表 11-2　从上年的共值的曜、日中应减去的数值表**

**（减后即得本年各项数值）（作用派）（11.07 节用）**

| 5 |  | 0 | 5 |  | 0 | 5 |  | 0 | 5 |  | 0 |
|---|---|---|---|---|---|---|---|---|---|---|---|
| 48 | 粗曜 | 0 | 48 | 白羊 | 0 | 48 | 金牛 | 0 | 48 | 双子 | 0 |
| 19 |  | 17 | 19 | 室女 | 16 | 19 | 狮子 | 16 | 18 | 巨蟹 | 16 |
| 4 | 粗日 | 0 | 3 |  | 5 | 1 |  | 3 | 5 |  | 1 |
| 0 |  | 2 | 4 |  | 6 | 0 |  | 2 | 6 |  | 8 |
| 月（一） | 水（四） | 时（六） | 5 |  | 0 | 5 |  | 0 | 5 |  | 0 |
| 0 | 0 |  | 48 | 天秤 | 0 | 48 | 天蝎 | 0 | 48 | 人马 | 0 |
| 0 | 0 |  | 19 | 双鱼 | 17 | 20 |  | 17 | 20 | 摩羯 | 17 |
| 0 | 0 |  | 4 |  | 0 | 1 | 宝瓶 | 3 | 2 |  | 4 |
| 0 | 3 | 4 | 9 |  | 11 | 0 |  | 2 | 7 |  | 9 |
| 9 | 0 | 7 |  |  |  |  |  |  |  |  |  |

**表 11–3 上年的共值不够减时应加的数值表**

**（体系派）（11.08 节用）**

| 7 | | 0 | 7 | | 0 | 7 | | 0 | 7 | | 0 |
|---|---|---|---|---|---|---|---|---|---|---|---|
| 0 | 粗曜 | 4 | 0 | 白羊 | 4 | 0 | 金牛 | 4 | 0 | 双子 | 4 |
| 0 | | 21 | 0 | 室女 | 20 | 0 | 狮子 | 2 | 0 | 巨蟹 | 10 |
| 0 | 粗日 | 5 | 0 | | 0 | 0 | | 0 | 0 | | 1 |
| 0 | | 43 | 0 | | 0 | 0 | | 0 | 0 | | 53 |
| 色（一） | 水（四） | 时（六） | 7 | | 0 | 7 | | 0 | 0 | | 0 |
| 0 | 0 | 0 | 0 | 天秤 | 4 | 0 | 天蝎 | 4 | 0 | 人马 | 4 |
| 0 | 0 | 0 | 0 | | 23 | 0 | | 29 | 0 | | 33 |
| 1 | 7 | 11 | | 双鱼 | | | 宝瓶 | | | 摩羯 | |
| 5 | 4 | 3 | 0 | | 5 | 0 | | 4 | 0 | | 3 |
| 43 | 35 | 57 | 0 | | 19 | 0 | | 14 | 0 | | 33 |

**表 11–4 上年的共值不够减时，应加的数值表**

**（作用派）（11.08 节用）**

| 7 | | 0 | 7 | | 0 | 7 | | 0 | 7 | | 0 |
|---|---|---|---|---|---|---|---|---|---|---|---|
| 0 | 粗曜 | 4 | 0 | 白羊 | 4 | 0 | 金牛 | 4 | 0 | 双子 | 4 |
| 0 | | 21 | 0 | 室女 | 20 | 0 | 狮子 | 14 | 0 | 巨蟹 | 10 |
| 0 | 粗日 | 5 | 0 | | 0 | 0 | | 1 | 0 | | 1 |
| 0 | | 9 | 0 | | 1 | 0 | | 2 | 0 | | 11 |
| 色（一） | 水（四） | 时（六） | 7 | | 0 | 7 | | 0 | 7 | | 0 |
| 0 | 0 | 0 | 0 | 天秤 | 4 | 0 | 天蝎 | 4 | 0 | 人马 | 4 |
| 0 | 0 | 0 | 0 | 双鱼 | 23 | 0 | 宝瓶 | 29 | 0 | | 33 |
| 1 | 7 | 11 | | | | | | | | 摩羯 | |
| 5 | 4 | 3 | 0 | | 5 | 0 | | 4 | 0 | | 3 |
| 8 | 7 | 11 | 0 | | 4 | 0 | | 3 | 0 | | 7 |

## 表 11-5　曜减数表（11.10 节用）

| 体系派粗曜减数 | 作用派粗曜减数 | 粗日为零时，求次年共值，须从前一年的曜共值中减去的数值 | | | | | | | | |
|---|---|---|---|---|---|---|---|---|---|---|
| | | 体系派 | 曜 | 作用派 | 体系派 | 曜 | 作用派 | 体系派 | 曜 | 作用派 |
| 4<br>49<br>14<br>3<br>38<br>671 | 4<br>49<br>16<br>0 | 4<br>49<br>16<br>2<br>21<br>671 | 白羊<br>室女 | 4<br>49<br>17<br>4<br>12 | 4<br>49<br>21<br>4<br>37<br>671 | 金牛<br>狮子 | 4<br>49<br>23<br>1<br>7 | 7<br>49<br>25<br>2<br>3<br>671 | 双子<br>巨蟹 | 4<br>49<br>26<br>5<br>4 |
| | | 4<br>49<br>12<br>4<br>55<br>671 | 天秤<br>双鱼 | 4<br>49<br>14<br>1<br>1 | 4<br>49<br>4<br>2<br>39<br>671 | 天蝎<br>宝瓶 | 4<br>49<br>8<br>4<br>6 | 4<br>49<br>3<br>4<br>6<br>671 | 人马<br>摩羯 | 4<br>49<br>5<br>0<br>9 |

## 表 11-6　上年步数中应减数表

| 上年共值减数 | 上年步数中应减数表 | | |
|---|---|---|---|
| | 方果（十） | 山果（七） | 火果（三） |
| 0<br>1<br>12<br>0<br>17712 | 0<br>0<br>5<br>2<br>1312 | 0<br>0<br>3<br>4<br>60602 | 0<br>0<br>1<br>3<br>89919 |
| | 箭果（五） | 水果（四） | 色果（一） |
| 太阳日的粗日 | 0<br>0<br>2<br>4<br>656 | 0<br>0<br>2<br>0<br>119892 | 0<br>0<br>0<br>3<br>29973 |

## 表 11–7 从上年水、金两曜共值中应减数表

| | 从上年水、金两曜共值中应减数表 | | | | | |
|---|---|---|---|---|---|---|
| | 方果正数 | 方果负数 | 山果正数 | 山果负数 | 火果正数 | 火果负数 |
| 水曜 | 0 | 0 | 0 | 0 | 0 | 0 |
| | 1 | 1 | 1 | 1 | 1 | 1 |
| | 17 | 6 | 15 | 8 | 13 | 10 |
| | 2 | 4 | 4 | 1 | 3 | 2 |
| | 19024 | 16400 | 78314 | 106319 | 107631 | 77022 |
| | 箭果正数 | 箭果负数 | 水果正数 | 水果负数 | 色果正数 | 色果负数 |
| 金曜 | 0 | 0 | 0 | 0 | 0 | 0 |
| | 1 | 1 | 1 | 1 | 1 | 1 |
| | 14 | 9 | 14 | 9 | 12 | 11 |
| | 4 | 2 | 0 | 5 | 3 | 2 |
| | 18367 | 17056 | 137604 | 47029 | 47685 | 136948 |

## 表 11–8 上年步数中应减数表

| 上年共值加数 | 上年步数中应减数表 | | |
|---|---|---|---|
| | 方果（十） | 山果（七） | 火果（三） |
| | 0 | 0 | 0 |
| 0 | 0 | 0 | 0 |
| 4 | 19 | 13 | 5 |
| 26 | 4 | 4 | 5 |
| 0 | 40058 | 117566 | 71701 |
| 93156 | 箭果（五） | 水果（四） | 月果（一） |
| | 0 | 0 | 0 |
| | 0 | 0 | 0 |
| 太阳日的共值 | 9 | 7 | 1 |
| | 5 | 5 | 5 |
| | 20029 | 45865 | 123373 |

## 表 11–9　上年共值不够减时加数表

| | 上年共值不够减时加数表 | | | | | |
|---|---|---|---|---|---|---|
| | 方果正数 | 方果负数 | 山果正数 | 山果负数 | 火果正数 | 火果负数 |
| 水曜 | 0 | 0 | 0 | 0 | 0 | 0 |
| | 4 | 4 | 4 | 4 | 4 | 4 |
| | 45 | 6 | 39 | 12 | 32 | 20 |
| | 4 | 2 | 5 | 1 | 0 | 1 |
| | 133214 | 53098 | 61513 | 124799 | 15648 | 21455 |
| | 箭果正数 | 箭果负数 | 水果正数 | 水果负数 | 色果正数 | 色果负数 |
| 金曜 | 0 | 0 | 0 | 0 | 0 | 0 |
| | 4 | 4 | 4 | 4 | 4 | 4 |
| | 35 | 16 | 33 | 18 | 28 | 24 |
| | 5 | 1 | 5 | 1 | 0 | 0 |
| | 113185 | 73187 | 139021 | 47291 | 67320 | 118992 |

## 表 11–10　罗睺半月行度表

| | | | | | | | | | | | | | | | | | | | | | | | |
|---|---|---|---|---|---|---|---|---|---|---|---|---|---|---|---|---|---|---|---|---|---|---|---|
| 共值 | 1 | 2 | 4 | 5 | 6 | 8 | 9 | 10 | 12 | 13 | 14 | 16 | 17 | 18 | 20 | 21 | 22 | 24 | 25 | 0 | 0 | 0 | 0 |
| | 21 | 42 | 3 | 24 | 45 | 6 | 27 | 48 | 9 | 30 | 51 | 12 | 33 | 54 | 15 | 36 | 57 | 18 | 39 | 0 | 0 | 0 | 0 |
| | 0 | 0 | 0 | 0 | 0 | 0 | 0 | 0 | 0 | 0 | 0 | 0 | 0 | 0 | 0 | 0 | 0 | 0 | 0 | 0 | 0 | 0 | 0 |
| 行序 | 1 | 2 | 3 | 4 | 5 | 6 | 7 | 8 | 9 | 10 | 11 | 12 | 13 | 14 | 15 | 16 | 17 | 18 | 19 | 20 | 21 | 22 | 0 |
| 半月行度 | 0 | 0 | 0 | 0 | 0 | 0 | 0 | 0 | 0 | 0 | 0 | 0 | 0 | 0 | 0 | 0 | 0 | 1 | 1 | 1 | 1 | 1 | 0 |
| | 3 | 7 | 10 | 14 | 17 | 21 | 24 | 28 | 31 | 35 | 38 | 42 | 45 | 49 | 52 | 56 | 59 | 3 | 6 | 10 | 13 | 17 | 0 |
| | 31 | 2 | 33 | 5 | 36 | 7 | 39 | 10 | 41 | 13 | 44 | 15 | 46 | 18 | 49 | 20 | 52 | 23 | 54 | 26 | 57 | 28 | 0 |
| | 1 | 3 | 5 | 1 | 3 | 4 | 0 | 2 | 4 | 0 | 2 | 3 | 5 | 1 | 3 | 5 | 1 | 2 | 4 | 0 | 2 | 4 | 0 |
| | 19 | 15 | 11 | 7 | 3 | 22 | 18 | 14 | 10 | 6 | 2 | 21 | 17 | 13 | 9 | 5 | 1 | 20 | 16 | 12 | 8 | 4 | 0 |

# 第十二章 宇宙结构

## 12.01

〔**译文**〕同是一个须弥山，而对它的形状和颜色等，有多种不同的看法，这是由于众生的业果本来就是斑驳陆离的，再加上人们又主观地胡乱加以区别，因而认识上出现了千差万别。这好像稀奇难解，其实正如经中所说：同一条河流里，在我们人类眼里是普通的水，饿鬼看来则是脓血（无法饮用），天神看来又是甘露美味。《时轮经》和《对法藏》所针对的对象不同，关于这个世界的大小、形状等的讲法就有所不同。这里只按时轮派的《日光论》一书所讲略陈述如下：

〔**译解**〕《对法藏》即指《阿毗达磨俱舍论》，此书是佛家对世界认识的最有代表性的著作，而《时轮经》的说法与之有很大的不同，所以首先交待不同的原因。

## 12.02

〔**译文**〕（地、水、火、风、空）五大种的微尘（参看本章12.10）由于共同的业果而结合，从而形成了世界。

处于虚空之中的风轮，直径40万“由旬”（长度单位，其解释见下文12.10节），周围120万由旬，高厚5万由旬。其内是它所承托着的火轮，直径30万由旬，周90万由旬，其第七重名叫金刚山或马面火山。火轮的里面是水轮，直径20万由旬，周60万由旬，其第七重名叫盐海。它的里面是地轮，直径10万由旬，周30万由旬。这三轮的厚度与风轮相同。这四个轮，各由下面的一个承托着上面一个的边缘。而四个轮的顶面在同一平面上，形状是圆的。风使它们凝聚不散，又不断地搅动它们，因而形成了高山低谷。

## 12.03

〔**译文**〕 地轮的中心是须弥山。（分为有形的和无形的两部分，其有形部分）高10万由旬，其上是无形部分。颈部25000由旬，面部5万由旬，顶部25000由旬，总共也是10万由旬。

〔**译解**〕 为了形象化地说明，这里用人的身体作比喻，有形部分相当于肩以下，无形部分相当于肩以上。

## 12.04

〔译文〕 须弥山的根部是圆形的，从圆心到周边的半径各为8000由旬，直径16000由旬。周围由高宽各1000由旬的座基围绕。须弥山有上下共5层沿圈，状如铜碟的边缘向外翻伸。下层最小，往上渐大，最上第5层沿圈的直径为5万由旬，周围15万由旬。如果由其所覆盖的下缘（即由其外缘）向下做一垂直线，则此（线与地面之交）点与须弥山根的座基之间的距离为16000由旬。

## 12.05

〔译文〕 这个长度可均分为18段，由内到外为1. 月洲，2. 白光洲，3. 姑莎草洲，4. 似人非人洲，5. 鹤洲，6. 勇武洲六重洲；每一洲的外面有一重海：1. 蜜海，2. 乳油海，3. 奶酪海，4. 乳海，5. 水海，6. 酒海共六重海；每一重海外面有一重山围绕，依次为：1. 青光山，2. 凤伽花山，3. 尼迦扎山，4. 宝光山，5. 达耨那山，6. 清凉山共六重山。这18段每一段的宽度为880有余（由旬）。凉山的山巅与须弥山顶向外伸垂的第五层沿圈相接①，因此它里面的山、海、洲是日、月的光所照不到的。但是居住在那里的人们本身能发光，所以能够生存，诸如此类与天神享受的生活相似②，因此名为“福乐区六洲”。

〔译解〕 ①即封闭起来，而日、月是在其外面旋转。

②佛经中说“天”是六道轮回中的一种，寿长、享乐高，本身发光。

## 12.06

〔译文〕 凉山以外为第七洲，名为“业区大瞻部洲，”宽25000由旬，按四方为四洲，每洲再各分为三区，共十二区。东洲分为东、中、西三区，其他三洲也同样各分为三。每一区的外边为25000由旬，内边为12500由旬。四个中区的形状是不相同的。由东方起依次为半圆、三角、四方、圆形。

〔译解〕《俱舍论》说瞻部洲是四大部洲中南方的一个；《时轮经》说那是小瞻部洲，大瞻部洲是个环形的，有东、西、南、北四部分。

## 12.07

〔译文〕 单说我们所住的这个南洲的中区，横分为二，其北半再分为六域。由北而南为：1.雪山聚，2.苫婆罗，3.汉域（香巴拉），4.黎域，5.蕃域，6.圣域印度。

〔译解〕 南半原书未做交代，有的书说是罗刹所居。蕃（bō）域即藏族地区；黎域一般认为指新疆和田一带；苫婆罗（香巴拉）究竟在什么地方尚无定论；雪山聚显然是指大陆的最北端。

## 12.08

〔译文〕 在这世界上居住的“有情”有无色界、色界、欲界三界。无色界又分为四，色界分为十六，欲界分为十一，共为三十一种“界”。四无色界是:1. 无所想又非无所想处,2. 无所有处,3. 识无边处,4. 空无边处。其位置相当于须弥山的顶髻至发际之间。其下为十六色界：1. 色究竟天，2. 善见天，3. 无烦天，4. 无想天，是为风四处，住在相当于头额的部分。相当于鼻部的四天为:1. 广果天，2. 福生天，3. 无云天，4. 广善天，是为火四处。相当于颏颔的四天为：1. 无量净天，2. 少净天，3. 极光净天，4. 无量光天，是为水四处。颈项的上三分之二又分为四部:1. 少光天,2. 大梵天，3. 梵辅天，4. 梵众天，是为地四处。颈项的下三分之一也分为四，分别住着欲界六天里面的:1. 他化自在天,2. 乐变化天,3. 兜率天，4. 离战天(时分天,夜摩天)(以上是住在须弥山上的无形部分的)。须弥山的（有形部分的）上部住着，5. 三十三天（忉利天），肩部以下直到地面住着，6. 四天王众天。

六福乐区和业区共七区，住着人类。

〔**译解**〕 天界的名目与《俱舍论》大致相同而分段不同。

## 12.09

〔**译文**〕 基础四轮各分为（上下）二（分），共八分，地轮的上半又分为两部分，其上部为似天非天（阿修罗），下部为龙所居。其下的七分为地狱，1. 烧地狱，2. 沙地狱，3. 泥浆，4. 烟，5. 火，6. 暗，7. 大呼号。这就到了（最下面的）边界，再没有其他的所在了。

〔**译解**〕 地狱的名目与《俱舍论》完全不同。

## 12.10

〔**译文**〕 再说计量的单位。最小的是“极微”，比它大八倍的是“微尘”，再后是发尖、芥子、虮虱、麦粒、指节，每一单位都是其前者的八倍。二十四指节为一肘，四肘为一弓，两千弓为一俱卢舍，四俱卢舍为一由旬。一立方由旬的体积内装满发尖，每百年取一发尖，到取完为止为一个小劫的一天，这样的“一天”积累到一百年为一小劫，一小劫年数的平方为一中劫，一中劫年数的平方为一大劫。

## 12.11

〔**译文**〕 以下分论（十二）宫（廿八）宿在天球穹窿上的轨道，又分为总论和别论。总论者：宫和宿都是天神的宫殿，由各种静风与动风的力量承托着。十二宫的穹窿中央最高处与须弥山接近，四周渐低，最低处接近火轮，其形状有如须弥山顶上张着一把大伞，其表面凹凸不平[①]，向右旋转。在这个作为旋转背景的（十二）宫形成之后，在它上面产生二十八宿，二十八宿产生后随即向右旋转[②]。我们所在的这个洲的上空首先出现的是娄宿，因此二十八宿以它为首，十二宫以白羊宫为首，牛、女两宿合占一宿的位置，成为二十七宿。每一宿所占的弧长分为六十弧刻。每二又四分之一宿的弧长与一宫的弧长相等。四分之一宿为十五弧刻，一宫为其九倍，即一百三十五刻。这些名称与其所指的事物，对于四洲一律通用。

〔译解〕 ①因此日、月、五星运动的速度不均匀。

②右旋即顺时针方向。

## 12.12

〔译文〕（日、月、五星诸曜运动）所行的宫与宿形成之后，就产生了在它们上面运行的诸曜。当巨蟹宫首次上临东洲中区的中轴线时出生了太阳，它随即向左（逆时针方向）运转。太阳到达某曜的诞生宿的位置，又正对着东洲中区的中轴线时，先后产生了其他各曜[①]：月亮出生于娄宿，火曜出生于星宿，水曜出生于房宿，木曜出生于轸宿，金曜出生于井宿，土曜出生于尾宿。各自主管它出生的那一天，因此被称为轮值曜。罗睺生于角宿，罗睺尾生于奎宿，长尾曜出生于斗宿。各自的领域范围和出生之宿，如有（所属五行）犯冲者进入（凌犯），就会发生冲突（人间相应地出现不祥）。

〔译解〕 这是对“诞生宫宿”一词的解释，实质上是指远地点。

## 12.13

〔译文〕 宫宿穹窿（作为一个整体）每一个太阳日右旋一周，叫作“显现行”[①]。诸曜在宫宿穹窿上面的运动叫作“本身行”[②]罗睺、劫火两曜右旋，其他各曜都是左旋。

〔译解〕 ①亦名“风行”。现代天文学叫作周日视运动。

②现代天文学上叫作周年（或周月）视运动。

## 12.14

〔**译文**〕（五星运动中的）“迟步”是以各自的诞生之宿（远日点）为起点，而“疾步”是以迟步为起点。经过顺行和逆行，又各有其“前步”（加速）和“后步”（减速），因而其运行速度有盈有缩。当回到其诞生之宿时正好正负相抵消。

## 12.15

〔**译文**〕 月、水、金、长尾四“文曜”在（太阳的）左方出没；火、木、土三“武曜”在太阳的右方出没。（文武）会合时文左、武右；（文与文、武与武）内部会合时，左右不定。从罗睺头到罗睺尾即劫火，是周天的一半，其行速有人说是均匀的，但从其入食日、月的规律来研究，可以知道它们有（南、北）两行。

## 12.16

〔**译文**〕 旋转的方式：关于十二宫和宫的占用者（诸曜）旋转的方式有两种说法，一说二者平行没有交点，一说只有诸曜（的轨道）有交叉。前者认为宫宿没有南行和北行，诸曜也同样地没有南行和北行，而是层层上叠，因此名为“叠盔说”。后者，即认为有交叉的一派，又分为外扩、上扩、连环状、船状四说说法，其中第一、第二两说认为四洲的四季是同时的；第三种说认为（方位相反的）两洲同时是夏季，另外两洲同时为冬季；第四种说认为四季是旋转的。此说又分三支：1. 天空的宫宿和地上的四季都左旋，2. 四季左旋，宫宿右旋，3. 二者都右旋。前两者与时轮经疏的教旨不合，道理也不通，最后一种才是时轮经疏的本旨。所以这里阐述此说。

〔**译解**〕 此派说宫与季的关系，如同水流与船行的方向的关系，所以叫作“船说”。

## 12.17

〔**译文**〕 在适当的平面物（纸、布或沙盘等）上画出主线（按：即纵横两坐标线）和斜线（按：即 45° 线）。以其交点为圆心，选取任意长度为半径作圆。以此半径的四分之一、二分之一和四分之三，各作一圆（按：共成四圆）。由外而内为风轮、火轮、水轮和（地轮的）“业区”的外缘。再取最内一圆的半径的二分之一作一圆，其直径即是须弥山顶的直径，其三分之一为山根，其八分之一是山根周围的座基台阶的宽度（参看 12.5 节），余数再均分为十八份，即是“福乐区”（的外缘），“业区”外缘与主（坐标）线相交于四点，在其左右各取与（45°）斜线和主线之间的弧的三分之一处各作一穿过圆心的直线，共八条（按：即把圆分成十二等分）。在其周围（的每一段）上画一莲花瓣形的弧线，表示十二洲。再把南洲中区横截成两半，其北半再均分为六，表示（12.7 节所说的）六域。

从各洲内缘弧线的中点起，转至第七段的中线上，就是各自的南行，另一半为其北行。平分之为春分点、秋分点。这样所绘十二圆表示十二宫运转的轨道。

## 12.18

〔**译文**〕 须弥山的中心为碧色，东部为黑色，南部为红色，西部为黄色，北部为白色。白羊宫、室女宫为白色，双鱼宫、天秤宫为红色，天蝎宫、宝瓶宫为黑色，金牛宫、狮子宫为黄色，巨蟹宫、双子宫为青色，人马宫、摩羯宫为绿色。各洲相应地也有不同。

因此，十二“协时”的轨道只有一个，永远是均匀地右旋。白羊宫（的轨道）在东方与凉山（86000）接近时，最高，在西方与火轮（75000）接近时,最低,南北两方则在高低平均（80500）处运行；巨蟹宫在南方与凉山接近时，最高，北方与火轮接近时，最低;天秤宫在西方接近凉山时，最高，在东方接近火轮时，最低；摩羯宫北接凉山时，最高，南接火轮时，最低，东西两方在平均（高度）处。其余八宫类推。

## 12.19

〔**译文**〕 为了便于了解我们所居住的这个小南瞻部洲（即南洲中区）上空十二宫的运行轨道（可以作图）：

以大海的四分之一（即水轮宽度 50 ÷ 4=12.5 由旬）与主线的交点为圆心，经过（北洲的）凉山和火轮（南外缘）作圆（即半径为 87.5 由旬）通过中心作一东西线表示均行，其东半的北半部从白羊宫起左旋至西半的北半部的室女为北六宫。其西半的南半从天秤宫左旋至东半的南半部的双鱼为南六宫。就是说太阳刚刚进入某宫那一天的白天，在南洲中区中线上空太阳的轨道，也就是其首宿的行程。因此经中说：南六宫和北六宫同为半圆形，南六宫呈弓形处于火轮方向，北六宫呈莲瓣形，处于凉山的方向。其他十一个区各自上空的轨道同样画一圆形和表示均行轨道的横切线，由南洲东区起左旋至各自东半的北半依次为：双鱼、宝瓶、摩羯、人马、天蝎、天秤、室女、狮子、巨蟹、双子、金牛。各宫开始左旋，列出十二宫，画出各区上空的轨道，不要互错，就会明白。

## 12.20

〔**译文**〕（太阳轨道的）宽度、高度、速度。

宽度：由火（轮边缘）至凉山为 75000 由旬。是宿、宫（及其周围的星）运行的轨道。除去其南、其北各 12500 由旬之外，中间的 5 万由旬是太阳的轨道，圆周为其三倍。

高度：北行最高度离地 86000 由旬，南行最低处离地 75000 由旬,最高最低相差 11000 由旬。昼夜相等时轨道离地 80500 由旬。由此处分成两半，上、下、南、北各行 182 天。以之除 11000 得每日太阳高行或卑行之率。以之除 75000，得太阳的光热南移北移之率。以此日数除 5 万，得日轮南移北移之率。

速度：“显现行”右旋，每一漏刻行 6250 由旬，一昼夜能行 375000 由旬。

妙德本初佛祖经中，外时轮品历法数值推算要诀——众种法王精要之第十二章，宇宙结构终。

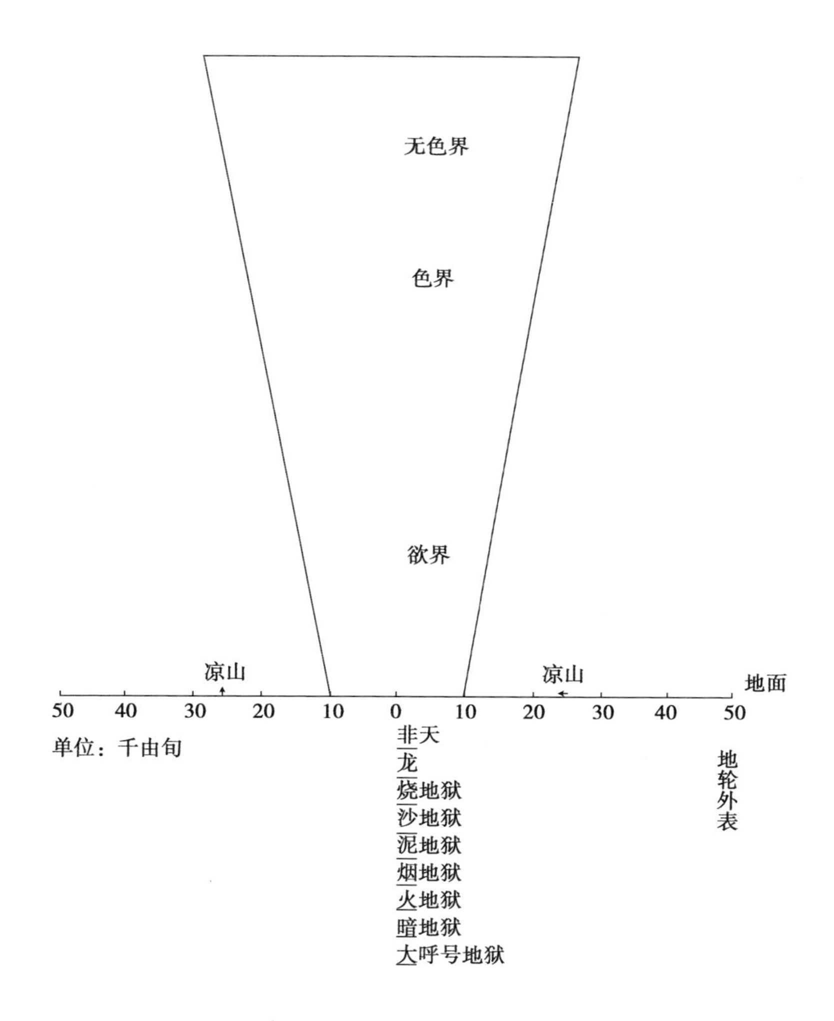


图 12-1　宇宙结构图一

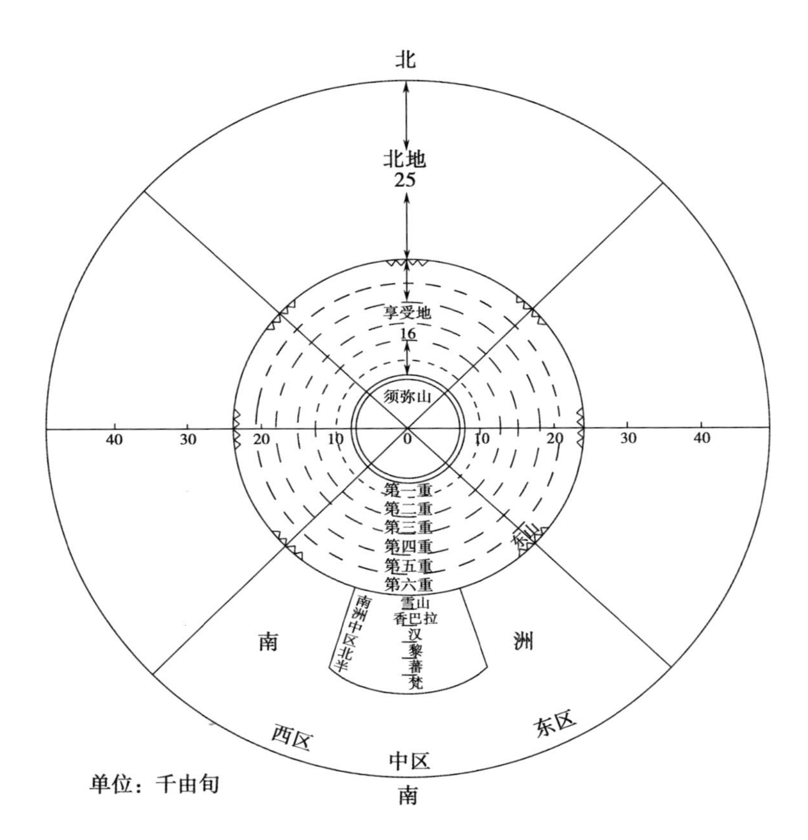
北
北地
25
享受地
16
须弥山
40
30
20
10
0
10
20
30
40
第一重
第二重
第三重
第四重
第五重
第六重
雪山
香巴拉
汉
黎
蕃
梵
南洲中区北半
南
洲
东山
西区
中区
东区
南
单位：千由旬

图 12-2　宇宙结构图二

# 藏传时轮历原理研究

黄明信 陈久金

## 一、《时轮历精要》的地位与渊源

本文以《时轮历精要》一书为基本资料，介绍传统藏历的主要内容，剖析其科学原理。

在众多的关于时轮历的著作中，选这本书为基本资料，是因为现代每年发行的藏历，是由西藏天文历算研究所编制的，所使用的算法和数据都根据此书。此书的作者名绛巴桑热，系青海玛沁县拉加寺兴萨呼图克图的司库总管（商卓特），因此，此书以《商卓特桑热历书》见称于世。在汉文里，为了便于广大读者阅读，我们把它改称为《时轮历精要》。

该书历元为第十四胜生周的丁亥（公元 1827）年。被拉卜楞寺的时轮院等处采用作为教材。十三世达赖喇嘛的御医、医算院院长、已故的钦饶努布大师（1883—1962）见到后叹为“历苑奇葩”，为之校订、增补，重新刊印木版，并将历元换为第十六胜生周的丁卯（公元1927）年，用作教材。1983年，四川省德格藏文学校将这种增订本用铅字排印发行。1985年，西藏天文研究所按照六十年更换一次历元的传统，再次进行校补增订，将历元换为第十七胜生周的丁卯（公元1987）年，由西藏人民出版社出版，题名为《时轮历精要补编》。由此可见，此书既有重要的历史价值，也有广泛的现实意义。

本书原名《白琉璃、日光论两书热义，推算要诀，众种法王心髓》。对于汉族读者来说，这个名称太冗长了，不便于记忆，所以我们把它简称为《时轮历精要》。由其原名，可知它是综合藏历名著《白琉璃》和《日光论》的要点而成的。

《白琉璃》是一部巨著，它的历元是第十二胜生周的丁卯（公元1687）年。正编627页，《答难除锈》473页，还有续编则系秘传。正编分三十五章，前五分之一讲历算，后五分之四讲星占。作者第巴·桑吉嘉措（1653—1705）是五世达赖后的摄政者，所以此书具有权威的性质。有拉萨、德格、塔尔寺等多种版本。

《日光论》的历元是甲午（1714）年。正编162页（北京木刻版），前半讲历算，后半讲星占；后编主要是附表。此书有作者自注本，题名《金车释》。木刻本罕见。1983年西藏人民出版社曾铅印出版，共442页。作者达摩师利（1654—1718），是敏珠林寺的大译师。敏珠林寺的历算传承是极有名的。

《白琉璃》和《日光论》两书都被藏族的浦派（即山洞派）

历算的创始人伦珠嘉措等1447年所著的《白莲法王亲传》为根据而写成的。

所谓“白莲法王”据说是苫婆罗国的第二代法王，他于公元前177年作了《时轮经》的权威注释，书名《无垢光大疏》，其藏文译本编入《丹珠尔》经中。

《时轮经》据传是释迦牟尼佛晚年传法的记录，共一万二千颂（每颂四句）。分为五品，第一品讲外时轮，即天体运动的规律；第二品讲内时轮，即人体内脉息运行的规律，第三品以下讲内时轮和外时轮结合，是宗教上修证的方法。文献中说：公元前277年苫婆罗国第一代众种法王提摄《时轮经》的要略成为《摄略经》，为了与之区别，原经就称为《根本经》。1027年，《时轮经》开始译成藏文，陆续有不同的译本，共十四种。但《根本经》只译了《灌顶总说》一品，而《摄略经》则译了全文。至于苫婆罗国究竟在什么地方？该国的历代法王是否实有其人，则尚待查证。

时轮历在印度就有体系派和作用派两大派别，其区别据传统的说法是：体系派是以《根本经》为依据，着重理论体系的完整性；而作用派是以《摄略经》为依据，着重实际运用的方便，并吸收了作用派外道（异教徒）的内容。浦派是倾向于体系派的。这两派历算的具体区别见下文第三节第三段。

藏族的学者们对《时轮经》的真伪曾经有过很大的争论，因为其宇宙结构论（见下文第十节）与戒律等都与一般的佛经有相当大的不同。后来经过公元1332年迦玛派的让迥多吉给元宁宗帝后传了时轮灌顶，让迥多吉（1284—1339）和布顿（1290—1364）两位大师完成了藏人自己论述时轮历的专著，以及宗喀巴

（1357—1419）等权威学者的肯定，到14世纪才得到广泛的承认。后来其地位越来越高，到17世纪的北京版大藏经中被列为首函第二篇。这个崇高地位的获得，一方面由于其天人相应、内外结合的特殊的修证方法，另一方面也由于其完整的天文历算体系大大地超过了过去的水平。反过来说，其宗教地位的确立，也使这一派历算的地位更加巩固，在涉藏地区占了压倒的优势。13、14世纪以后，西藏与汉地的文化交流更为密切，授时历的水平也远远超过时轮历，但西藏天文历算仍然以时轮历为基础，没有改变，宗教信仰可能是原因之一。

但在藏族地区时轮历也不是唯一的派别，例如年首的安排在藏文的经书中有根据的就有六七种（详下文第二节第四段）；在时轮派中的浦派（即山洞派）也不是唯一的流派。因此，在本文里我们不笼统地说藏历，而具体地说时轮历，必要时更具体地说是浦派。

至于藏历与汉历的关系，将在本书的第二部分介绍。

## 二、时轮历计量单位与基本的天文数据

### 1. 时间与弧度的计量单位

时轮历里最小的时间单位叫作“息”，其定义为壮年男子一呼一吸所需的时间。测定一昼夜为21600息，即每分钟15息，这与现代医学测定的每分钟呼吸14至18次大体是相同的。印度古代时间的基本单位有许多不同的名称和算法，如须臾、刹那、弹指顷、念，等等。而时轮经中特别强调“息”这个概念，是因

为其最终目的在于外时轮与内时轮的结合。例如说人体中 23 次呼吸中有一次所谓“慧风”，而这个次数是与天体中的罗睺周期 6900 太阴日相应的（等于 23 的整 300 倍）。

息以上的计时单位用滴漏系统。一昼夜为六十个流量，一个流量为六十两水，21600 息 ÷（60 × 60）=6 息，滴漏一两水等于 6“息”这样就结合成为 1—60—60—6 的分法。在本文中，为行文的方便，不用流量、一两水这些名称，而改用漏刻、漏分等名称。有时简称为刻、分。但是须记住这里的 1 刻等于钟表上的 24 分，1 分等于钟表上的 24 秒，1 息等于钟表上的 4 秒。当与弧刻同时出现时，为区别起见，则称为“漏刻”。

时轮历中，周天不是作为 360 度，而是均分为 27 等分，叫作“宿”。宿以下套用上述的时间单位的名称，一宿分为 60 弧刻，周天 27 × 60=1620 弧刻。我们为行文的方便把这个表示弧长的刻称为“弧刻”，以资区别。弧刻以下也称为分、息。其进位率为 1 : 27 : 60 : 60 : 6。必须记住的是，近代世界通用的 1° 等于时轮历中的 4.5 弧刻。周天 27 宿以娄宿即白羊宫的起点为第一宿，左旋至奎宿为末尾。例如夏至点记为第七宿（井宿）的 45 弧刻，即 6 × 60 弧刻 +45 弧刻 =405 弧刻，405 ÷ 4.5=90° 即夏至点离白羊宫首 90°。

在时轮历中息以下的单位没有单独的名称，计算时不是用小数点而是用分数来表示，其分母不是固定的，尽量选用能使分子为整数不再有零头的数值做分母，必要时用繁分数表示之。例如：

体系派恒星年的长度为 365 日 16 刻 14 分 $1\frac{12\frac{121}{707}}{13}$ 息 $=365\frac{4975}{18382}$

=365.2706451 日。

时轮历的计算方法属于代数系统，与汉族历算相同。

**2. 三种年、月、日**

时轮历中年、月、日各有太阳、太阴、宫三种名称。其比例关系是：

1 太阳年 =12 太阳月 =360 太阳日

1 太阴年 =12 太阴月 =360 太阴日

1 宫年 =12 宫月 =360 宫日

65 宫日 =67 太阴日，64 太阴日 ≈ 63 太阳日

其确值则为 11312 太阴日 =11135 太阳日

由此可推算出 149209 太阳日 =147056 宫日，和其他各项的比例关系。

这里所说的宫年就是恒星年。由于时轮历中恒星年与回归年不分，也可以说就是回归年。而这里所说的太阳年，并不是一般所理解的回归年或恒星年，所以，其中太阳年与太阳月在天文学上并无科学意义，实际上作用最大的是宫年、太阴月、太阳日，此外还有太阴日。它们的定义和具体数值是：

（1）宫年的定义是："太阳在天上的十二宫中运行一周的时间，同时也是地上四季循环一周的时间"，按这个定义前一半说，所指的是恒星年，其后一半则是回归年。时轮历没有把二者区别开来。从其所给的实值来看，所指的是恒星年。体系派说太阳 6714405 日[1]运行 18382 周，即一年等于 355.270645 太阳日

[1] 按：实值应为 6713882 日，此处多 523 日。

=371.076923（即 371 $1\frac{1}{3}$）太阴日，与九执历的岁实相近。作用派所给的数值为 365 日 15 刻 31 分 1 息 121/707=365.258675 日。与傣历的 292207/800 相近（今测实值恒星年为 365.25636 日，回归年为 365.24220 日）。正因为其恒星年数值本来已经嫌大，又被当作回归年使用，所以在安排历书时就产生了一些麻烦，到下文再说。

（2）太阴月的定义是："月亮黑分白分变化的周期"。这显然就是朔望月。体系派给出的数值为 29 日 31 刻 50 分 $\frac{45\frac{345}{707}}{67}$ 息 =29.530587 太阳日，是很精确的。实用派则只用 29 日 31 刻 50 分，息位舍弃不用。

（3）太阳日的定义是："从天明能辨清掌纹到次日天明能辨掌纹"的时间间隔，也就是等于太阳两次上子午圈的时间间隔。

（4）太阴日是时轮历中的一个特殊的概念，在其他历法中少见的，它在时轮历中有非常重要的作用，是时轮历的一个特点，有必要做较为详细的介绍。文献中给出的定义是"太阴月的三十分之一"，即为：

29.530587 太阳日 ÷ 30=0.9843529 太阳日。

也即等于 59 刻 3 分 4 息 16/707。这只是一个平均值。因为月亮运动速度不是均匀的，所以每一个太阴日的时间长度也不相等，它受近点月运动的影响。而每个太阴日内月亮所行的弧长却是相等的，它等于圆周长的三十分之一，与太阳在每个太阴日内带动月亮所行弧长之和。

一个恒星年等于 371 $\frac{1}{13}$ 太阴日，太阳在每个太阴日所行弧长为 1620 弧刻 ÷317 $\frac{1}{13}$ =4 弧刻 21 分 45 息$\frac{43}{67}$，月亮在每个太阴日所行弧长为：1620 弧刻 ÷30+4 弧刻 21 分 45 息$\frac{43}{67}$ =58 弧刻 21 分 45 息$\frac{43}{67}$，月行速时太阴日短，最短时间为 54 漏刻；月行慢时太阴日长，最长时为 64 漏刻。

因此，太阴日的定义精确地说应该是月亮运行月的白分或黑分弧长的十五分之一的时间长度（参看第六节）。正如恒星日可以在一昼夜的不同时刻开始和结束一样，太阴日也可以在一昼夜中的不同时刻开始和结束。

时轮历在制订历书时需要逐日算出太阴日的结束时刻，根据太阳日与太阴日的关系确定重日与缺日——即月分的大小，如本文第六节所述。在推算日食、月食时则只要推算出可能出现月的望日和朔日的太阴日结束时刻，再推出该时刻太阳、月亮和黄白交点的真黄经，看其差数是否在食限之内就可断定。正是由于它就是望或朔的真时刻，所以不必另外再推算食甚的时刻，是非常方便的。由此可见太阴日在时轮历中是与历书安排和日、月食预报都有密切关系的一个极为重要的概念。

太阴日这个概念在其他历法中是少见的。与时轮历同源于印度的九执历，虽然并非同一系统，但其中也包括有太阴日的内容，顾观光解云："一月之日不足三十，少朔虚分七百三日之三百三十，若逐日计之，少七百三分之十一，故以十一乘日数、以七百三除之为小月也"。意思就是说，一个朔望月对应于 30 个太阴日，即 29 $\frac{373}{703}$ 平太阳日，二者相差$\frac{330}{703}$，每个平太阴日与太阳日差$\frac{11}{703}$，所以一个太阴日等于：

$1-\frac{11}{703}=\frac{692}{703}=0.9843527$ 平太阳日。它与时轮历所用的比例 $\frac{11135}{11312}=0.9843529$ 平太阳日相差是微乎其微的。

（5）宫月的定义是："太阳以其本身行（即周年视运动）行经周天 1620 弧刻中的 135 弧刻所需的时间"。换言之，即一个恒宫的十二分之一，也就是两个平气（或名恒气）的时间长度。它与太阴月之间的关系是推定闰月的根据（见下面第七节），相当于伊斯兰历中"不动的月"或"分至月"。

（6）宫日的定义是：宫月的三十分之一，或太阳运行 4 弧刻 30 分弧长所用的时间长度。周天 1620 弧刻中的 4 弧刻 30 分，即通称的 1°。时轮历中没有相当于三百六十分之一的"度"这个名词，而宫日这个名词实际上起着这种度数的作用。而且还把它引申用到地理经度上来，例如说甲地距乙地 23 宫日，就是相距 23°的意思。（参看第十节宇宙概念）

（7）太阴年是整十二个太阴月的长度，因此又名太阴平周。伊斯兰历中也有此概念。积 32.5 太阴年，与回归年相差一年。

### 3. 恒星月与近点月

恒星月即月亮在恒星间运行一周所经历的时间，时轮历中叫作"月亮的周期"，有按太阴日、太阳日、宫日分别计算的三种数值。推算的方法是：

月亮每一个太阴日行 58 弧刻 21 分 45 息$\frac{43}{67}$。（见上节）

以此月亮的日行度除周天 1620 弧刻得 27 又$\frac{657}{869}$太阴日。等于 27 又$\frac{395343}{1228766}$太阳日，即 27.32174 太阳日，与今测实值 27.32166 相较，准确到小数后三位。

关于近点月，时轮历中没有这个术语。但是在求月亮不均匀运动的公式中给出了比太阴月（=30 太阴日）小 2 $\frac{1}{126}$日的周期，30–2 $\frac{1}{126}$ =27.99206 太阴日 =27.55407 太阳日。与现在实际测值 27.55455 太阳日相较，准确到小数后两位。

**4. 纪年与历元**

纪元和纪年法时轮历的文献中有：释迦纪元、夏迦纪元、火空——海纪元、胜生周纪元和纪年、干支纪年等几种方法。

时轮历中推定释迦牟尼逝世在公元前 881 年，以这一年为零年，其次年为释迦纪元第一年。但因对释迦逝世年代不同的说法甚多，前后相差四五个世纪，使用时首先要申明是哪一派的释迦纪元，所以不大方便。

夏迦纪元相当于公元 78 年，是从尼泊尔传来的，在用尼泊尔的“甜头算”[1]推雨情时使用。它与印度支那半岛某些地方使用的赛迦纪元亦名大历纪元显然是同一来源。

所谓“胜生周”并不见于时轮经而来源于丹珠尔经中的《胜乐经首品释》。这是按时轮派观点写的一书，作者题名金刚手菩

[1] 甜头算指的是盛传于尼伯尔的预告雨情和收成的算法，即“如嗜糖味的算法”。

萨，时代待考。其中有六十年周期每一年的名称：第 1 年为胜生年，第 2 年为妙生年，第 59 年为忿怒明王年，第 60 年名终尽年，等等。其所以从胜生年开始，据说是因为远稽初极曾有一年，日、月、五星和罗睺、长尾（慧星）九曜都处于相同的方位，那一年是终尽（丙寅）年，其次年是胜生（丁卯）年，诸曜的一切数值全都是零，全都重头开始之故。这与"初极上元"是类似的。藏族学者很注意推求这个上元初极，《格登新历》一书中推到二十二位数字，远远大于地球的年龄，但在运算中则截取近距历元。很多历算家都用其自己的历元。《时轮历精要》的历元是公元 1827 年丁亥。时轮经中规定每六十年应更换一次历元。但实际上也并不一定都在丁卯年。

"胜生周"虽然来源于印度，但是在印度本土似乎并未广泛使用。传入西藏以后，却起了重要的作用，因为其前虽然有了六十干支纪年的办法，但是当干支相同时，仍然难于确定。西藏古代史上某些重要的年代出现两种说法，相差整整六十年，就是这个缘故。自从"胜生"周传入之后，按第一胜生周（公元 1027 年）、第二胜生周……的顺序排列下来，就非常准确了，于是它就成为西藏人民普遍采用的一种纪年方法。直到近年来公元纪年传入后仍未完全废除。可以说是西藏的一种独特的纪年方法。

但胜生周的六十年各用一个名称，记忆和计算都不如天干地支方便，所以藏族学者所写的时轮历的著作，实际上还是将六十干支的名称与胜生周序结合使用。例如公元 1980 年叫作第十六胜生周的第 54 年庚申。至于印度的胜生周究竟是土生土长的，还是在接受了中国的干支周之后再给它起的名称，则有待于进一步研究。因为印度古代是很喜欢给事物起“异名”的，例如：木星有二十个异名，太阳则有七十余个异名。这六十个年名是根据什么意义命名的，藏族历史学家祖拉陈瓦（1503—1565）说：只是约定俗成而已，并没有什么道理。

公元 1027 年以前的年代，时轮历不用逆推法，而用火—空—海（即 403）的办法，即以公元 1027–403=624 年为纪元。文成公主离开长安在 641 年，西藏历史上有记载的年代大体都在公元 624 年以后，这个纪年法已能表达，所以也常使用。这很可能是由伊斯兰教历来的（希吉来纪元为公元 622 年）。此外，时轮历的文献中还提到作用派的纪元为公元 806 年。由于作用派是很有力的一派，所以这个历元也很重要。

**5. 年首和月首**

年首，隆都喇嘛总结为七种，分别相当于夏历的：

（1）三月初一——《时轮经》

（2）正月初一——《金光明经》《四部医典》

（3）十二月初一——《四座经》和《胜乐金刚空行经》

（4）十一月初一——五行算者用之，细算用冬至日

（5）十月十六——《毗奈耶经》和《俱舍论》

（6）九月十六——《日藏经》

（7）八月十六——《因缘经释》

这些经论多数译自印度，其中（5）（6）（7）三种都以十六日，即望后第一日为一个月的开始（傣历中叫作月下一日）。藏历中叫作“下弦居前”，有其宗教上的意义：月圆放在一个月结束的时刻，象征出家人的修行前一段是艰苦的，后一半则越来越光明；

月圆放在一个月的中间，象征在家的俗人的一生，中间一段时间似乎美满幸福，最后的结局则是黑暗痛苦。所以寺院内部，尤其是有关戒律的活动，一定要按“下弦在前”的历法，但同时承认在一般的活动中也可以适应环境，用当地官府所颁布的历书。

其中（2）（4）两种以立春或冬至之月为岁首是汉族最常用的历法，而《金光明经》则是9世纪中由汉文转译成藏文的。

各月的名称，时轮历是按月圆时月亮在二十七宿中哪一宿而命名的。从角宿月开始，相当于夏历二月十六日至三月十五日。以下依次为氐、心、箕、牛、室、娄、昴、觜、鬼、星、翼。按四季各分孟、仲、季，和按十二地支命名，在藏族地区也是常用的。另外，还有按十二因缘命名等好几套。后来也夹用霍尔历一、二、三……月的叫法。霍尔历是公元1227年成吉思汗灭西夏才开始使用，不久之后由八思巴引进西藏的。

至于太阳日的起点，则规定从天明时起算。天明是依季节而变动、不易明确掌握的一个概念，所以在实际计算中产生了不同的处理方法。太阴日和宫日的起点，则用它们在太阳日中所占的时刻来表示。

## 三、日、月位置的推算

### 1. 太阳位置的推算

《时轮历精要》中推算太阳方位的方法分四步进行：

（1）求积月：所谓积月，就是所求日所在之月的月初向前算，距历元时的总积月数。

《时轮历精要》的历元为公元 1827 年，它的积年就是从这年起算的。积年值粗算时等于所求年的公历纪元年数与 1827 年之差数。细算时要考虑到年首的不同。有了积年之后，只要知道闰周，积月数 M 就容易求出。时轮历的闰周是 65 年中设 24 闰，也即每 32 个半月设一个闰月。设 Y 为积年，A 为年初以来至所求日的前一个月为止的月数，则求积月的方法可用如下公式表示：

$$M=Y\times 12+A+[(Y\times 12+A)\times 2+60]\div 65$$

即 $M=(12Y+A)\frac{67}{65}+\frac{60}{65}$

公式中分母 65 表示闰周，常数 60 表示历元时有闰余 60 分。乘$\frac{67}{65}$的意义表示每个月积累闰余 2 分。积满 65 分为一个闰月。

（2）求太阳的平方位（平黄经）：积月乘每月日数（整 30）与所求日的日期数相加，然后乘以每日太阳的行度，就能得到太

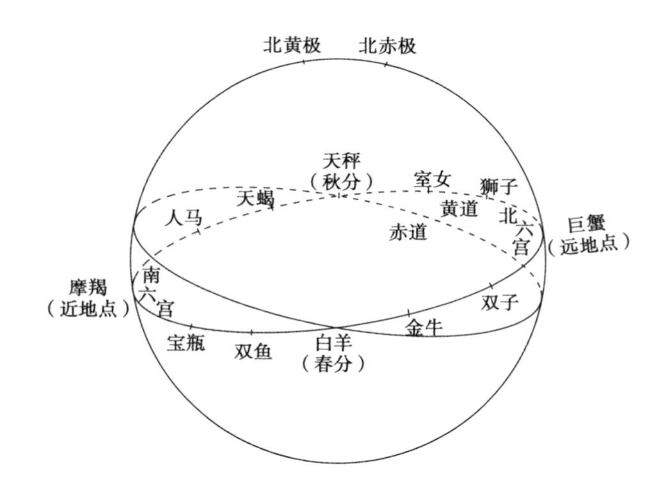


图 3-1　太阳在天球上的运动

阳的平方位。时轮历稍有改变，是分别以太阳每日行度和每月行度直接与日期数和积月数分别相乘，然后再相加求得，但道理是完全一样的。

在时轮历中，计算太阳、月亮的运动时，那是以太阴日为依据的。周天除以周日（$371\frac{1}{13}$）即得太阳每天的行度（参见前节）。它的三十倍即每个太阴月的行度。《时轮历精要》所用的日行度数值为0宿4弧刻21分$5\frac{43}{67}$息。

（3）求因太阳不均匀运动而引起的方位改正值：太阳系中，包括太阳在内的所有天体，都有视运动快慢的周期变化，各个天体都有自己的最速点和最慢点。每个天体在一近点周期运动中的各个部分的运动速度是可以测量出来的。为了计算太阳的真黄经，时轮历将太阳的周天运动分为十二个部分。实测得太阳的近地点在摩羯宫，远地点在巨蟹宫。时轮历中推算天体的近点运动都是从远地点起算，所以又将远地点称为诞生宫宿。太阳在近地点、远地点时，其平黄经和真黄经是相等的。测出太阳在各宫中的平均运动速度，从而进一步求出到各个宫为止时，距最慢点（远地点）太阳的真运动比平均运动多行（或少行）的数值。在《时轮历精要》中给出了计算太阳盈缩运动的日躔表，其中第二列为宫数，第三列为损益率，第四列为盈缩积。损益率是太阳平行完这一宫时，太阳实际比它多行或少行的弧刻数。盈缩积是太阳从远地点起，到所在宫宫首为止的太阳多行或少行的累积弧刻数。它和古代汉历计算月行迟疾的方法完全类似，只是损益率和盈缩积错开了一行，计算时稍有不同就是了。

求改正值时，先用太阳的平黄经减掉远地点黄经6宿45弧刻，再除以宫度（135弧刻）得到宫数，由宫数查得盈缩积，为到该宫宫首前为止太阳实际多行或少行的弧刻。平黄经除以宫度后，所得的余数表示太阳距该宫宫首的平黄经，它除以宫度（135弧刻）以后，与该宫太阳实行与平行之差数（损益率）相乘，即为太阳距该宫首这段弧长内太阳实行比平行多行或少行的弧刻数，名为净行刻。由于如前所述的排列不同的原因，这里所用损益率的数值总是比宫数提前一行。

（4）求太阳的真黄经：以求得的太阳平黄经加上太阳实际比平行多行或少行的改正值，即得太阳的真黄经。

**2. 月亮位置的推算**

《时轮历精要》推算月亮的黄经时：是用以上的方法，首先算出该日太阳的真黄经，由于每个太阴日中，月亮比太阳多行54弧刻（月亮每个月内比太阳多行一周1620弧刻，则每日多行为1620弧刻 ÷30=54弧刻），它与该日的日期数相乘，即为从朔日起到该日止月亮比太阳多行的度数藏文中称为单独的行度。它与太阳的真黄经相加，即为该日月亮的黄经。

以上所求得的太阳或月亮的真黄经，是对于某太阴日结束时而言的。

**3. 体系派与作用派的区别**

体系派和作用派虽然在计算原理和方法上几乎完全相同，但所用的基本数据则不同。例如，如前所述，二者的恒星年，朔望月的值是不同的。在《时轮历精要》中，二者的历元均为同一年的同一天,但合朔不在同一时刻,体系派为37漏刻43分2 $\frac{140}{707}$息,作用派为21刻20分。历元1827年角宿月闰余，体系派为60分而作用派为64分，等等，这就引起了一系列计算数据的差异。

由以上比较可以看出，体系派的朔望月的值相当精密，但作用派的恒星年长度比体系派较优。值得注意的是，时轮历是没有岁差概念的，但以1827年为历元的《时轮历精要》中的体系派、作用派的岁首，太阳已经分别从白羊宫首（0度）移至24宿59弧刻6分1 $\frac{41}{67}$息和25宿42弧刻12分1 $\frac{11}{13}$息了。对于1927年的新历元，则又分别移至25宿9弧刻10分10 $\frac{32}{67}$息和25宿57弧刻29分1 $\frac{5}{13}$息了。由此可知，已经懂得春分点在移动了。

由于体系派、作用派所用的基本数据不同，所求出的太阳、月亮的位置也是有差别的。

## 四、五星位置的推算

五星在时轮历中称为五曜,太阳、月亮、罗睺、劫火（罗睺尾）、长尾彗星也都称为曜，合称十曜。五星位置的推算原理，与推算太阳位置的原理相类似，但是，事实上五星运动都是以太阳为中心的，人们所生活的地球同时也绕着太阳运转，因此，我们所看到的五星视运动，就不仅仅是行星本身的绕日运动，而是包括着由于地球自身运动而引起的行星视运动位置的改变在内。这种由于地球自身运动而引起的行星视位置改变的运动，称为行星的视差位移。所以，行星位置的推算方法，要比太阳位置的推算复杂一些。

在时轮历中，将外行星称为武曜，称内行星为文曜。大体上说，五星自始至终都在恒星背景上进行自西向东的运动，但局部时间也有自东向西的反向运动，前者称为顺行，后者称为逆行。但是内行星和外行星各有一个特点，每个外行星的自西向东的运动都有自己固定的运动周期，而每个内行星的自西向东的运转周期则等于太阳的运动周期（实即地球的公转周期）；每个外行星从顺行到逆行，再回到顺行的运动周期都等于太阳的运动周期，而每个内行星从顺行经逆行再回到顺行的运动周期则等于自身的运动周期。这两种运动的情况，对于内外行星来说，正好相反。

这种运动现象的本质可以将两种运动分解开来进行说明。内行星处于地球绕太阳的运动轨道以内，它们的公转周期总是比地球快，从地球上去看内行星的运动，如果假设地球不动，则内行星总是以自身运动的周期在恒星背景上，在太阳周围作东西方向的来回运动。对于外行星，地球的公转周期总是比他们的公转周期快，假定外行星不动，由于地球的自身运动，而使得这颗外行星在恒星背景上以地球公转的周期为周期作东西方向的来回摆动。因此，这种运动对于内行星来说，是它的本身行，对于外行星来说，则是它的视差移动。

在考虑另一种运动时，对于内行星，可假定它自身不动，处于与太阳相同的方位，地球的绕日运动使得内行星跟随太阳作自西向东的运动。内行星的这种运动周期等于地球的公转周期。对于外行星，可假定地球不动，外行星的这种运动周期等于它们的公转周期。这种运动在时轮历中称为迟行。无论内行星或外行星，两种运动的合运动都称为疾行。

迟和疾是相对的，对于外行星，它的公转周期比地球长，所以称自身运动为迟行；对内行星，它的自身运动周期比地球短，所以把因地球公转而引起的行星视运动方位的改变称为迟行。

时轮历中求五星的运动可以分如下六步进行：

1. 求入历以来的积日数（与求太阳运动时的方法相同）。

2. 求五星距白羊宫首的日数。设 D 为积日，d 为历元时各行星已过白羊宫首的日数。此日数火星为 39，木星为 2091，土星为 2055，水星为 24.94，金星为 129.2。则五星距白羊宫首的日数可由下式求得：

（D+d）÷ 周期 = 商 + 余数

式中的余数便是各曜离开白羊宫首的日数。无星的恒星周期（太阳日）为：水 87.97，金 224.7，火 687，木 4332，土 10766。

3. 求五星本身行的平黄经。由五星的恒星周期，可求得日行度，以五星距白羊宫首的日数与五星的日行度相乘，便得到五星本身行的平黄经。

4. 求太阳的平黄经。由下式：

（积日 D+A）÷ 太阳恒星周期 = 商 + 余数

余数即为太阳距白羊宫首的日数，它乘以太阳的日行度，即为太阳的平黄经，它也就是内行星的迟行平黄经。这里的 $A=\frac{6220155}{18382}$，它乘以太阳的日行度，即为历元时太阳的平黄经。

5. 求五星的迟行定数。即求外行星的本身行和内行星的视差移动,以求得的外行星的本身行平黄经和内行星的迟行平黄经（即太阳的平黄经），减去各曜的远地点黄经：火 9 宿 30 弧刻，水 16 宿 30 弧刻，木 12 宿 0 弧刻，金 6 宿 0 弧刻，土 18 宿 0 弧刻，再除以宫弧刻（135 弧刻），其整数商为宫序，商余为该行星距所在宫宫首的弧刻数。以与求太阳改正值相类似的方法，分别以所求得的宫序查五星迟行盈缩数表，可得盈缩积，以商余乘相应项，便得盈缩积的尾数，此二数与外行星本身行的平黄经或内行星的视差平位移相加，便得五星的迟行定数。

6. 求外行星的视差移动和内行星的本身行的视差位移。分别以太阳平黄经减去外行星的迟行定数，和以内行星的本身行平黄经减去太阳的平黄经，减后的余数以宿位表示，即为宿序。以宿序直接查疾行盈缩数表，可得疾行盈缩积，宿余与相应项相乘，便得盈缩积的尾数。此二数与五星的迟行定数相加减，便得到各曜的疾行定数，也即是该时刻的行星视位置的真黄经。

这两种运动的合运动，也可以用托勒密的本轮均轮系统来解释，时轮历中的迟行定数，相当于本轮中心绕均轮旋转的运动，而疾行盈缩积相当于行星沿本轮的运动。二者的合[1]运动即为时轮历中的疾行定数，也即行星的视方位（真黄经）。不过，时轮历中并没有直接以本轮均轮系统来解释。

下面讨论时轮历中的会合周期问题。从疾行盈缩数表的数据我们就可以很容易地看出，当太阳与行星相合（上合）时，宿差为 0，地球与行星分别处于太阳的两边。这时行星的视差移动值

[1] “合”是天文学中描述天体相对位置的一个名词。一般从地球上观察，当两个天体具有相同的赤经或黄经时，就会发生“合”。

为 0，但视差移动的速度达到极大，当宿差增加时，外行星开始出现于太阳的西边，这时候的视差移动值为正值，并且逐渐增加，它在恒星背景上的运动表现为顺行。时轮历称这个阶段的运动叫作“快行”，黎明时出现在东方。当宿差（即疾行序数）处于 10 左右时，视差移动的正值达到极大，视差移动的速度为 0，这时，地球处在太阳、地球、行星构成的直角顶点的位置（东方照），自此以后，视差移动的速度为负值。随后不久，当视差移动的速度与行星本身行的速度相抵消时，行星在恒星背景上处于停留状态,天文学上称为“留”。“留”以后,视差移动的负速度逐步增加，视差移动的累积值则逐渐减小。当宿差达到 14 时，太阳与行星相对，即行星与地球处于太阳的同一边。天文学上称为“冲”（内行星为下合）。这个阶段在时轮历中称为“慢行”，黎明时出现在南方。冲日时，视差移动累积数为 0，但视差移动的负速度达到极大（应该注意，这里的快行、慢行与上文的疾行、迟行字面近似，而意义不同）。自此以后，行星继续逆行，但逆行运动速度不断减少，至视差移动速度与行星本身行相消时，再次产生“留”的现象，随后不久，视差移动速度再次为 0，而视差移动的累积值达到负极大。这个阶段时轮历中称为“曲行”，黎明时出现在西方。自此以后，视差移动速度再次变为正值，视差移动的累积值也不断减小，最后视差移动速度达到极大，视差移动的累积值为 0，行星与太阳再次相合，这个阶段时轮历中称为“跃行”，黎明时出现在北方（实际是看不到的，只有在傍晚时出现在南方）。这就完成了一次疾行周期。对于内行星的运动情况，也与此完全类似，只是它们首先出现在太阳的东边，达到东大距后不久，就

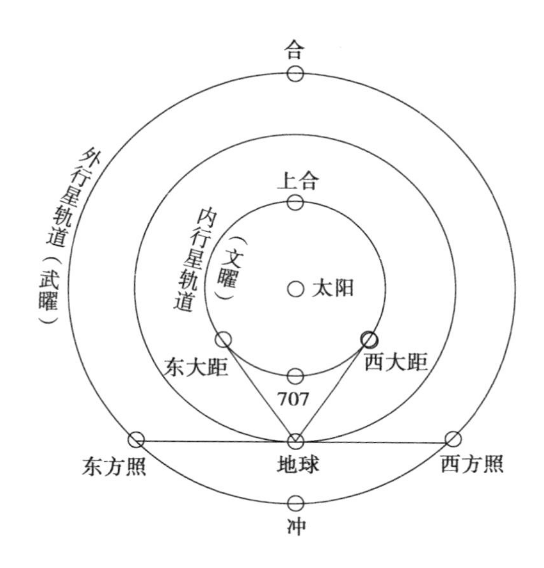


**图 4–1　行星合运动示意图**

开始逆行，并与太阳下合。下合以后继续逆行至西大距，然后顺行至上合，完成疾行一周。

由此介绍可以看出，时轮历已经掌握了较准确的推算五星运动的原理和方法，已能准确地将五星的视运动分解成行星的自身运动与因地球公转而引起的视差移动的合运动。它的推算方法是较为合理的。它所使用的运算方式是代数方法而不是几何方法，因此，与中原的传统方法较为接近，与希腊的几何方法不同。它能够较准确地解释和预报五星的各种视运动现象及各个运动阶段的运动快慢的变化，包括顺行、留、逆行等现象。因此，这种方法对于古典天文学来说，还是相当先进的。它所使用的恒星周期的数值也是相当精密的，水星、金星与现代常用的数值完全一致，火星准确到小数后第二位，木星也只有半日的误差，由于土星周期很长，因而误差也较大，达六日以上。

由于时轮历中有太阳日、太阴日、宫日三种不同的日的概念，在推算五星运动时，往往同时用三种日进行推算，并可以起到互相复核的作用。

## 五、日月食的预报

时轮历中有预报日月食的方法，比较简明扼要，预报的效果也较为准确。

时轮历在推算日月食时，首先引进一个假想的天体罗睺。罗睺与其他天体一样，有自己运动的周期。只是罗睺与其他天体不同，它有数无象，是个“隐曜”。反向运动，即沿顺时针方向运动。时轮历所使用的罗睺运动周期为 230 个太阴月，即 6900 个太阴日退行一周（合 6792.04 太阳日），也即每个太阴日退行 14 分$\frac{12}{23}$息。以 360°表示，则每个太阳日退行 3 分 10.8 秒，与《明史 · 历志》中所载回回历的运动周期（6793.4 日）和九执历的 6794 都非常接近，这已经相当精密了（今测为 6793.460 日）。

罗睺的所在方位改以黄经表示（由于罗睺反向运动，推得的罗睺数值与黄经的度量方向相反），即以周长二十七宿相减，所得结果在时轮历中称为罗睺头，与罗睺头相对的部位称为罗睺尾。罗睺头、罗睺尾就是相当于天文学上的黄白升交点和降交点。在九执历中称之为“阿修”。汉族的某些文献中，都记载着印度天文学中称黄白升交点为罗睺，降交点为计都，但时轮历则称开交点为罗睺头，降交点为罗睺尾，而计都为烟雾长尾星，即将慧星称为计都。到底是错在那里呢？后周王朴说："臣检讨先代图籍，古今历书，皆无食神首、尾之文，盖天竺胡僧之妖说也"。此处的食神头、尾就是罗睺头、罗睺尾，可见我国古代就有这样的名称，唐代一行的《大日经疏》中说："罗睺乃交会食神，计都正译为旗，旗即彗星也。"可见印度古代也两说并存。阿修是阿修罗的简称，意译为非天，是一种介于天神与人之间的生命。罗睺只是其中的一个。

太阳运动的轨道称为黄道，月亮运动的轨道称为白道，它们并不在天球的同一个大圆上，而是斜交成西方度约 5° 的夹角。而太阳、月亮的视直径大约都是 0.5° 左右，所以只有当日月相遇时距黄白升交点、降交点的黄经差小于 10° 余时，才会发生交食。但是，在时轮历中，尚未出现过区分黄白二道的明确概念，因此，并未意识到月食、日食是由于地球、月亮的掩盖，而认为是由于罗睺这个暗天体所起的作用，当太阳或月亮与罗睺头、尾相遇时，则挡住了太阳或月亮的光，便产生了日食或月食。罗睺这个天体虽然是虚构的，但是却比较形象和直观，易于为当时的人们所接受。

根据《白琉璃》的数据，本书历元时（公元 1827）罗睺已过白羊宫首 100 个月，即历元时黄白升交点在 156.52 弧刻，但《日光论》则认为这个数值应作 31 弧刻 41 分的修正，所以历元时升交点应改为 124.84 弧刻。

推算日月食时，先由积月除以罗睺周期，商余化成日数，推算月食时加 15 日，推算日食时加 30 日（15 日晚发生月食，30

日发生日食），乘以罗睺每日行度，便得到该日罗睺距白羊宫首反向的置位，以 27 宿相减，便可得到罗睺头的数值，从而也可得到罗睺尾的数值（以半周相加）。然后再利用上面所介绍的求太阳、月亮真黄经的方法，求出太阳、月亮的黄经。以太阳、月亮的黄经，与罗睺头、尾中最为接近的数值相减，差数便为判断有无交食的数据。

对于月食，时轮历有判断是否入食的数值，日光论规定月食食限值为 50 弧刻，以西方度表示，为 11.1°。也就是说，当月亮出现在罗睺头、尾前后 11.1°的范围以内时，必定有月食发生。超过这个范围就没有月食了。九执历的食限为 12°，时轮历的食限比九执历稍小一点，比九执历更精密。

时轮历有推算月食食分大小的方法，共分为十分，以月亮黄经与罗睺头、尾的差数除以五，商数的整数部分便用来做为判别食分的标准，其中 1、2、3 为全食，7 为半食，10 为$\frac{1}{8}$食。

时轮历中有判别发生月食时间长短的数值，其中全食的全部过程竟达到五个小时以上，这个数值太大了一点。

时轮历已能够根据月亮黄经与罗睺头尾黄经之差，来判别月亮起食的方位。时轮历认为，当罗睺头大于月亮黄经或罗睺尾小于月亮黄经时，食东北方；罗睺头小于月亮黄经或罗睺尾大于月亮黄经时，食东南方；相等时，食正东方。这些判断的方法都是很正确的。因为第一种情况时，月亮在地影的下部通过；第二种情况月亮在上部通过，第三种情况在正中通过。是完全相合的。但是，时轮历认为，只有在半夜发生月食时才符合以上情况，在黄昏或黎明时又有不同。

对于判断有无日食发生，情况就要复杂一些。体系派根据长期的观测经验，只有在三种情况下才有日食发生：太阳与罗睺头的黄经差在 50 弧刻以下；罗睺头与太阳的黄经差在 8 弧刻以下；罗睺尾与太阳的黄经差在 40 弧刻以下。可能已经考虑到视差对交食的影响了。但是，他们也都承认这些判据并非完全可靠。

时轮历也有预报各类日食发生的时间长度。它将日食分为 12 分，当食 1 分时，经食时间为 1 漏刻，食 2 分时，经食时间为 2 漏刻，以此类推，全食时为 12 分，经食时间为 12 漏刻，相当于现在的 4 小时 48 分钟，仍比实际大得多。

时轮历也有预报日食入食方向的方法，它所入食的方位正好与推月食时相反，这也是完全正确的，因为后者是地影掩月，而前者是月掩太阳。

关于食甚发生的时刻预报，这对于时轮历来说，是一个很简单的问题。这也可以说利用太阴日计算日食的一个优点。因为按时轮历的规定，当白月完结时，也就是第十五个太阴日结束的时刻，这时日月黄经正好相差半周。所以，月食永远发生在第十五个太阴日结束时，因此，推算月食食甚的时刻，只需求出第十五个太阴日结束的时刻即得。当黑月完结时，也就是说这个月的最后一天的太阴日结束时刻为日月同经的时刻，如有日食，则为食甚时刻。这是时轮历常用的方法。但是，体系派在推算交食食甚时刻时，根据实际观测经验，认为还应对此时刻作一改正。他们以当日太阴日的不同长短（54—61 漏刻之间）为依据。给出九个不同的修正值，以对应的修正值与太阴日结束时刻相加，即为所求时刻。

总之，时轮历已有一套系统的推算预报日月食的方法，它预报日月食时的各个项目以及方法都已齐全，其中包括判断食限的数值、交食发生的时刻、食延时间、入食方向、食分大小，等等。因此，对于古代的天文学来说，已经是相当先进的方法了。但是，由于预报日食是一件相当复杂的事，它要求十分精密的观测数据，通过复杂的运算，才能取得较为精密的结果。这对于古代没有精密的观测手段的藏族人民来说，就难以达到了。事实上，藏族的历法家也都承认时轮历在推算日食时没有时宪历精密，所以在涉藏地区往往两种历法并用，互相参考。

## 六、月日的安排和重日缺日

时轮历是阴阳合历，它具有阴阳合历的一般特征，以月相圆缺的变化周期作为一月，以季节变化的周期作为一年。由于年、月的长度不成整数比例，除掉每个平年设置十二个太阴月以外，还要设置闰月来调整季节的变化，但是，它又是一种独特的阴阳历，它的记月记日，自有一种与众不同的方法。它测定每个太阴月为 29.530587 太阳日，但又规定每个太阴月为 30 个整太阴日。为了相应地配合太阳日和太阳日之间的日序，便出现了重日和缺日。它的大小月就以重日和缺日的方式表现出来。有缺无重或缺多于重的月份，就是小月 29 天，重缺相抵或无重无缺的月份，便是大月 30 天。

重与缺根据什么原则来确定呢？《时轮历精要》把它归纳为简单的八字口诀：“重者缺大，缺者重小”。这两句里，每一句的第一个字指天文历书中给出的星期序数，第三个字指民用历书中的日期，第四个字指前后两天太阴日结束时刻数值的大小。

汉历是用干支来作为推算月日的骨干的，而时轮历则用星期连续记日（指太阳日），它的作用与汉历中干支的作用相当，只是周期长短不同而已。在时轮派的天文历表中，逐日给出了太阴日的结束时刻，但其日序不是用一至三十，而是用一至七的星期序数表示的。表中的星期序数,不一定是连贯的,有时会出现重复，有时会跳过去一个。从后面的例表上可以看出：一日二日都是星期六,十日是星期日，而十一日是星期二，中间缺了一个星期一，廿五、廿六两天又都是星期二。时轮历规定星期序数必须是连续的,不能重也不能缺,因为"总积日"(历元至所求日之间的总积日）时轮历里不是靠干支来确定（参看本文第二节第四段），而是靠星期序数来保持其准确性的。因此，星期日序重复者就要把太阳日序去掉一个，而星期日序短缺者就要把太阳日序补上一个，即重复一个。

这个原则是简单易行的，任何人只要手里有了这一年的天文历表都能掌握。民用历书上，则只给出现成的重日或缺日。

至于星期序数为什么会出现不连贯，有重有缺的情况呢？其道理也并不十分复杂。重日的原理与夏历安排闰月的原则——无中气则闰——是非常相似的。夏历规定每个月必须有一个中气和一个节气。但两个中气之间的距离（时轮历中叫作宫月）是 30 日 26 漏刻 21 分即大约是三十天半弱，而朔望月只有廿九天半强，因此就会出现某个朔望月正赶在两个中气之间，两头都离中气有一点小距离，于是这个月里就没有中气了，遇到这种情况就要把这个月份重复一次，使它仍旧能包括一个中气在内，这就叫作“无中气则闰”，这是大家所熟悉的。同样的道理，太阴日的平均长度为 0.9843 太阳日，并且由于月亮的运动不均匀，太阴日有时会更短，短到只有 0.90 太阳日。因此就会出现一个太阴日正卡在一个太阳日的中间，两头都有一点剩余的情况。这种情况在时轮历中叫作“三日同见”或“前后见三”。意思是说一个太阳日与三个太阴日见了面，仿照这个说法，我们也可以说“无中气则闰”就是一个宫月与三个太阴月见了面，为“三月同见”。按照时轮历的规定，太阴日结束的时刻所在的太阳日序，应与太阴日的日序相同，而从表 6–1 可以看出，太阳日的初一这一天里有两个太阴日结束的时刻，那么它按哪一天算呢？规定缺掉刻位较大的一个，即把 57 刻 27 分的那一天（初二日）缺掉。这就是口诀中的“重者缺大”。但是太阴日并不永远比太阳日短，表中显示初七以后它就比太阳日长了，太阴日最长时刻达到 64 刻，即 1.066 太阳日。因此又会出现相反的情况，一个太阴日与三个太阳日见面，成为另一种“三日同见”。于是星期序数就缺掉了一个。遇到这种情况，就需要把太阳日序重复一个（但是朔望月不会比宫月长，所以不会出现“缺月”的情况），那么在星期序数空缺的前后两天中，重复哪一个呢？规定重复其中刻数较小的一个，即后一个，口诀中说“缺者重小”。所以就有了两个十一日。“重日”本来可译为“闰日”，但为了避免与阳历里面二月二十九日的闰日相混淆，我们使用“重日”这个词。

上述重日与缺日的原理还可以进一步详细地解释如下：

根据时轮历的规定，每个太阴月为 29.530587 太阳日。它又规定一个太阴月为30个太阴日。太阴日是以在一个朔望月的时间内，月亮所行弧长的三十分之一的时间长度来定义的。所以在每个太阴日中，月亮所行弧长是相等的。由于月亮的运动有快慢，在相等的弧长中运行的时间是不等的，也就是说，每个太阴日的时间是不等的，在54 ~ 64刻之间变化。太阴日的平均长度为59刻3分4 $\frac{16}{707}$息，比太阳日60刻略小。

根据每个朔望月都固定为30个太阴日的定义，每个月的第一个太阴日都是从合朔时刻开始的；第十六个太阴日的开始时刻为望时；每月最后一个太阴日的结束时刻则又回到合朔时刻。前十五个太阴日称为白分，后十五个太阴日称为黑分。这样，月食和日食的发生时刻就都在第十五和第三十个太阴日的结束时刻。由于每个太阴日的平均日长比太阳日略小，所以每个太阴日的结束时刻可以在太阳日中的任何时刻出现（参见第二节第四段）。

太阴日的结束时刻如何求呢？如果月亮是匀速运动的，则只需将平太阴日的日长逐日相加就行了，然而，由于月亮有近点运动，所以必需进行因近点运动而引起的时刻快慢的改正。太阳的不均匀运动也应考虑在内。计算时，在时轮历中给出有因月亮太阳近点运动而引起的改正数表。

为了对应起见，时轮历规定，每个太阴日的结束时刻所在的太阳日的日序，等于该太阴日的日序。由于太阳日比太阴日大，有时会有相邻的两个太阴日的结束时刻都落在同一个太阳日内，则该太阳日的日序只能依前一个太阴日的日序命名。于是就缺少了与后一个太阴日日序相对应的太阳日序数。这缺掉的一个太阳日序数就称为“缺日”。又因为太阴日有时可能比太阳日长，造成某个太阳日内没有一个太阴日的结束时刻落在其内。也就是说，该太阳日缺少了与它相对应的太阴日日序，则该太阳日就只能以前一个太阳日的日序命名，并称为“重日”。

由此可知，重日是由于月亮的近点运动而产生的。重日肯定发生在月亮的远地点附近（这时月亮运动得慢）；缺日则大都发生在月亮的近地点附近（这时月行快）。当然，缺日是由月亮的近点运动和太阴日比太阳日小的双重原因产生的，即使月亮没有近点运动（也即假定月亮运动的速度是均匀的），也会出现缺日的现象。

为了清楚地进行说明起见，我们将藏文《察哈尔格西全集》所载嘉庆六年（1801）二月的太阴日结束时刻及对应的太阴日、

**表 6–1 《察哈尔格西全集》载嘉庆六（公元 1801）年**

**二月月历表**

| 太阳日序 | | 1 | 2 | 3 | 4 | 5 | 6 | 7 | 8 | 9 | 10 | 11 | 12 | 13 | 14 | 15 |
|---|---|---|---|---|---|---|---|---|---|---|---|---|---|---|---|---|
| 太阴日结束 | 曜 | 6 | 6 | 0 | 1 | 2 | 3 | 4 | 5 | 6 | 0 | 2 | 3 | 4 | 5 | 6 |
| | 刻 | 2 | 57 | 53 | 49 | 47 | 46 | 47 | 49 | 52 | 55 | 0 | 4 | 8 | 12 | 10 |
| | 分 | 43 | 27 | 11 | 55 | 39 | 55 | 39 | 22 | 6 | 50 | 1 | 13 | 24 | 36 | 47 |
| | 息 | 4 | 3 | 2 | 1 | 0 | 1 | 0 | 5 | 4 | 2 | 5 | 2 | 4 | 1 | 3 |
| 太阳日序 | | 1 | （缺 2） | 3 | 4 | 5 | 6 | 7 | 8 | 9 | 10 | 11（重 11） | 12 | 13 | 14 | 15 |
| 太阴日序 | | 16 | 17 | 18 | 19 | 20 | 21 | 22 | 23 | 24 | 25 | 26 | 27 | 28 | 29 | 30 |
| 太阴日结束 | 曜 | 0 | 1 | 2 | 3 | 4 | 5 | 6 | 0 | 1 | 2 | 2 | 3 | 4 | 5 | 6 |
| | 刻 | 20 | 23 | 24 | 25 | 24 | 22 | 18 | 14 | 8 | 2 | 56 | 50 | 45 | 39 | 33 |
| | 分 | 26 | 5 | 44 | 23 | 30 | 2 | 36 | 9 | 42 | 48 | 53 | 59 | 4 | 10 | 48 |
| | 息 | 4 | 4 | 4 | 5 | 3 | 5 | 0 | 1 | 3 | 0 | 4 | 2 | 5 | 3 | 3 |
| 太阳日序 | | 16 | 17 | 18 | 19 | 20 | 21 | 22 | 23 | 24 | 25 | （缺 26） | 27 | 28 | 29 | 30 |

太阳日日序引录如下 :(色多全集同)

表中第一行为太阴日序数，从 1 到 30 日，第二行为计算所得太阴日的结束时刻，分别以曜日（星期）、刻（漏刻）、分、息表示，曜日与太阳日的日序逐日以次对应，连续排列。它与汉族古代用干支推算历日的原理是一样的。太阴日初一下面的数字是表示它的结束时刻落在星期六这一天的早晨 2 刻，则星期六这一天的太阳日序数应为初一。太阴日初二的结束时刻仍然落在星期六这一天的后半夜 57 刻，则太阴日初二这一天就没有太阳日与它相对应，所以，太阳日初二为缺日。于是在历书上就缺少了初二这一天。过完初一这一天之后，下一天就是初三了。太阴日初三的结束时刻在星期天的后半夜 53 刻。则与太阴日初三相对应的星期天就应是太阳日初三了。由此可知，太阳日初一为星期六，则下一天星期日在日序上与太阴日初三相当，但与太阳日初一是相连的。这就是缺日的来历和意义。

上表第十太阴日结束时刻在星期日夜间 55 刻，而第十一日的结束时刻却在星期二的早晨 2 刻。由于第十一太阴日比太阳日长，它的结束时刻跳过了太阳日星期一，也就是没有一个太阴日与星期一这一天相对应。由于太阴日十一日的结束时刻落在星期二，所以星期二应为太阳日十一日。而前一天（星期一）也为十一日，因此星期二就称为重日。这是重日的来历和意义。该月二十六日的情况与初二类似，为缺日。

**表 6–2　嘉庆六年二月太阴日、太阳日日序配置表**

|  | （缺日） |  |  |  |  |  |  |  |  |  | （重日） |  |  |  |  |
|---|---|---|---|---|---|---|---|---|---|---|---|---|---|---|---|
| 太阳日序 | 30 | 1 | 3 | 4 | 5 | 6 | 7 | 8 | 9 | 10 | 11 | 11 | 12 | 13 | 14 |
| 太阴日序 | 1 | 2 | 3 | 4 | 5 | 6 | 7 | 8 | 9 | 10 | 11 | 12 | 13 | 14 | 15 |
|  | （合朔） |  |  |  |  |  |  |  |  |  |  |  |  |  | （望） |

|  |  |  |  |  |  |  |  |  |  |  | （缺日） |  |  |  |  |
|---|---|---|---|---|---|---|---|---|---|---|---|---|---|---|---|
| 太阳日序 | 15 | 16 | 17 | 18 | 19 | 20 | 21 | 22 | 23 | 24 | 25 | 27 | 28 | 29 | 30 |
| 太阴日序 | 16 | 17 | 18 | 19 | 20 | 21 | 22 | 23 | 24 | 25 | 26 | 27 | 28 | 29 | 30 |
|  |  |  |  |  |  |  |  |  |  |  |  |  |  |  | （合朔） |

从表 6–2 可以看出，该月初二、二十六日为缺日，十一日为重日，由于太阴日平均比太阳日小，重日出现的次数比缺日要少一些。一般地说，初一、十五、三十日不会出现缺日，看某个月实际是三十天还是二十九天，主要是决定于该月之内平日、重日、缺日的累计之和，嘉庆六年二月为二缺一重，实际为二十九天。

由此可见，藏历中的重日和缺日是为了将太阳日和太阴日的日序对应地配置起来而产生的，是建立在科学的基础之上的，并不是制历人或封建统治阶级为了愚弄人民和宣传宗教迷信思想而任意安排的。过去有人说："宗教统治者还规定，凶日要除去，吉日可重复，从而造成藏历日序的混乱"。这种说法反映出人们对于藏历的基本特点缺少了解。这曾导致一度在藏文历书中将重月缺日的算法废弃。

当然，在过去的藏族社会中，确实也有人把日期的重缺与人类社会的吉凶祸福联系起来，但这仅仅是利用科学方法推算出来的重缺日期去进行迷信的附会而已，并不是由凶吉定重缺，而是由重缺定所谓的凶吉。因此，并不能因此而否定藏历中重日和缺日的科学意义。它与古代汉历中也有凶吉宜忌等迷信附会的性质是完全一样的。1980年起，藏文历书中恢复了重日缺日的推算方法，以适应民族的传统习惯。藏族人民传统的科学文化就是在这种不断地与误会、偏见做斗争中得到新生和发扬的。

## 七、置闰与节气

由于“宫年”和太阴月不成整数倍，一年设十二个月还多十一天，只有用设置闰月的办法来调整季节。

时轮历规定65年中设24个闰月，即每65个月中加两个闰月。它的来源如下：体系派的恒星年长为365.270645太阳日，朔望月为29.530587太阳日，于是，65个“宫年”的日数正好等于65个平年的月加24个闰月所得的日数：

65×365.270645日=23742.5919日

（65×12+24）×29.530587日=23742.5919日

这是体系派自诩为优越的一点。但是回归年的精确值为365.2422日。

65×365.2422日=23740.743日

这样，每经一个闰周，季节就要相差约2天。作用派的“宫年”为365.258675日，误差要小一些，但是，在65年中，65个“宫年”之日数与804个太阴月（65×12+24）的日数并不正好相等，而作用派仍然使用65年的闰周，因而也有置闰不整齐的麻烦。

《时轮历精要》中给出了推算自历元1827年至所求日的积月

公式为下：

设 y 为积年，即从历元至所求年前一年之年数（历元之年 y 为 0，下一年为 1），m 为从所求年年初至所求日前一个月的月数。M 为积月，即从历元年初至所求日的前一月的总积月数。LM 为积月中的闰月数。则有

$$[(y \times 12+m) \times 2+60] \div 65=LM+\text{闰余}$$

其中 60 为历元时已有的闰余数。

$$\text{积月 } M=y \times 12+m+LM$$

在时轮历创立的早期，也许是以闰余等于 0 和 1 时设置闰月的。但在《时轮历精要》中，却以闰余为 48、49 时为闰月。闰月的安排所以作这样的移动，可能是吸收了汉历中的“以无中气之月为闰月”的原则后作出的调整。

65 个月设两个闰月，也就是 32 个半月有一个闰月，这样，也就是每过一个月就积闰余 2 分，32 个半月积满闰余 65，合成一个闰月。

本来，入宫日期和时刻是应该和中气一致的，但由于岁差的关系，使它们发生了移动。《时轮历精要》测定中气在入宫时刻以后 $8\frac{16}{65}$ 日，节气在入宫时刻以前 $7\frac{14}{65}$ 日。因此，若要使用无中气置闰的原则，就必须将置闰之标准也作适当调整。一个闰月 30 天共相差 65 分，现任相差 $8\frac{16}{65}$ 天，也就是相差了 $16\frac{32}{65}$ 分。以 65 分相减，便得 $48\frac{33}{65}$ 分。大于 48 而小于 49。在实际置闰时，只能取整数分，这就是以闰余 48、49 为闰月规定的由来。由此可以看出时轮历确定季节只依靠汉历中的节气，而与十二宫脱离

关系了。

以闰余的标准来置闰和以无中气置闰是一致的，但以闰余置闰比较粗略。所以自从确定了以无中气置闰的标准以后，闰余置闰的标准就只起到参考的作用了。

中气的间距平均比太阴月要大一天左右，因为一年十二个中气，平均每气约为 30.5 天。所以，有时中气在月初，有时在月中，有时又在月尾。《时轮历精要》说："30 日出现中气时，哪个月有闰，名为无中气之闰月。"也就是说，如果某月的中气出现在该月的最后一天，则下一个月就是闰月，因为下一个月就没有中气了。这就是《时轮历精要》的置闰原则。但是,《时轮历精要》接着又说："初一日出现中气，则后者有闰"。有一部分人把这句话理解为：若某月初一为中气，则该月为闰月。另一部分人则认为应把"后者有闰"改为"前者有闰"。我们也认为这是一句错话，因为它是与无中气置闰相抵触的，也是没有必要添加这句话的。而门孜康（医算院）出版的 1921 年历书中安排闰月时依据的却是后一句话，因而闰月推后了一个月。如何更合理地安排闰月，这是一个可以深入讨论的问题。

## 八、昼夜长度及测定时辰

求昼长、夜长的步骤：

1. 将以宿位、刻位表示的太阳平黄经化成宫位、日位（也可以看成是度），它与历书中的月序和日序相对应。

2. 按宫位查表得所处宫首的昼长、夜长（数据见下表）。

3. 以日位减 7，然后乘每天白天时间的平均增减$\frac{7}{3}$分，前已述及，节气与宫首相差 7 天左右，故减去 7 日，这样才能与冬至、夏至对应起来（冬至白天最短，夏至白天最长）。

4. 以 2、3 两项相加或相减即得所求日的昼长、夜长。如在双子等南行六宫（即夏至到冬至的六个月）则相减；如在人马等北行六宫（即冬至到夏至的六个月）则相加。

表格中零宫在白羊宫，它与夏历三月相对应。双鱼宫为夏历二月，此月昼夜长短相等。那么，毫无疑问，此月为春分所在月，也就是说，此处已认识到春分点不在白羊宫而在双鱼宫了。这并不是时轮历早期的观点，而是近代的天象了。

测定时辰，古代藏族有滴漏和圭表两种方法。

垂直于地面用来测影的标杆称为表，量影长的标尺称为圭。藏族的表以七节等高的木块叠成。影长就以每个木块的高度为单位进行度量。所得影长的数值总是以表长的倍数来表示的，它与表长的绝对值无关，这样就免除了因使用表长不同所带来的计算上的麻烦。

藏族以七节木块叠成的用以测量影长的表称为“土尔只布”。这种测时仪器渊源已经很早，到 15 世纪中叶时，藏族著名的天文学家凯珠·诺桑嘉错曾用它进行过观测，此后就流传得更广泛了。

土尔只布大都是利用二寸见方、一尺多长的木块制成。等分成七节，除最下面的一节外，都刻成有 30° 夹角的上大下小的四方棱台体。不过它的长度是可以任意选择的。

使用时，将土尔只布直立于有阳光的地面，记下基座和影端的位置后，用土尔只布作为尺子度量影长，以每一节的长度作为一个单位计算。然后利用附表查取测量所在月的约略数和昼长时刻。

用圭表来测定时辰，分四步：

第一步：测定影长（x）以每节木块的高度为单位表示之，表高为 a。

第二步：按所求月查出表格中所示的所在月的时间常数 Qm，m 代表所在月份。表中称为约略数。

第三步：求观测时的时刻

$$Sm=\frac{Qm}{a+X}$$

求得的 Sm 的单位为分，可进位为刻，如有小余，可以化成息位。

第四步：如果是上午测，则 Sm 即是当时的时辰，如果是下午测，则应以昼长减 Sm。

第二步所查的表中分十二个月，每月给出一个时间常数（最大的 10335，最小的为 7035），这个常数原则上说每天、每刻都是不等的，但为了使用方便，只从冬至到夏至分为六段，即太阳处在一个宫为一段，每段只给出一个平均数值用以代替该月各日的平均时间常量。由于月份基本上与太阳所在宫相对应，所以也就大致可以用月份来代替宫。也就是十二个月中每个月使用与它相对应的宫的时间常数。（详细的讨论见 1981 年 7 月西藏科技报）

附表 8-1 （引自《时轮历精要》第八章）

| 夏历月序 | | 2 | 3 | 4 | 5 | 6 | 7 | 8 | 9 | 10 | 11 | 12 | 1 |
|---|---|---|---|---|---|---|---|---|---|---|---|---|---|
| 约略数 | | 9000 | 8415 | 7760 | 7035 | 7760 | 8415 | 9000 | 9515 | 9960 | 10335 | 9960 | 9515 |
| 昼长 | 刻 | 30 | 31 | 32 | 33 | 32 | 31 | 30 | 28 | 27 | 26 | 27 | 28 |
| | 分 | 0 | 10 | 20 | 30 | 20 | 10 | 0 | 50 | 40 | 30 | 40 | 50 |

由于藏族原来习惯于以日出时刻作为一天的开始。所以，所求得的数值对于上午来说，便是表示从日出到观测时之间的时间。如果观测不是在上午而是在下午，则所得结果便是该时距日落的时刻，与所在月的昼长相减，便为下午观测的时间。

在《时轮历精要》一书中，有介绍利用土尔只布测定时间的方法，本文数据也来源于此，但书中并没有交待它的原理和约略数的来历。实际上，约略数与昼长有如下关系：

昼长 ÷2×（影长+表长）=约略数

这里的昼长是指从日出至日落之间的时间间隔，计算时统一以分表示，影长是指日中时的特定时刻的影长。经实际测定，每月日中时，从 2 月，3 月至一月的平均影长为 3、2，1、0，1、2、3、4、5，6、5、4。表长固定为 7。约略数就是根据以上公式求得的。例如，在夏历 2 月，平均昼长为 30 刻 0 分，统一用分表示即为 1800 分，它的一半为 900 分，为日出至日中的时间。2 月日中时的平均影长为 3，则影长加表长为 10，与昼长之半相乘，便得到约略数为 9000 分。其他依次类推。

在 2 月份，日中时的平均影长为 3，所以当观测到影长为 3 时，根据推算时间的公式，便可求得当时为 15 刻，也即日中时。

但是，在当地的2月中，3是一天中影长最短的时刻，距日中的时间越长，影子就越长。日出时影长达到极大，所以时刻也就为0。下午的情况与上午完全类似。由于时间是统一从日出时计量的，所以对于测量下午的时间，必须以日长减去所得的数值，才是当时的时间。

由于太阳的周日视运动是较复杂的，所以严格地说，这种方法是包含着一些误差的。但是它确实能够达到测量时间的目的。它说明了，利用太阳位置变化来测量时间，不仅仅只有利用投影方向的变化来测定时间这一种方法，利用太阳影长的变化，同样也能测定时间。这是一种奇特的、巧妙的，又富有创造精神的设想。

## 九、历书的主要内容

西藏的历书可分为两类，一类相当于精密年历（计算用历），一类相当于民用年历。《白琉璃》第十三、十四两章中说，制订历书可以有详、中、略三种，对每种都列举了其应该包括的具体项目，并逐月给出了表格的模式。

计算用的精密年历纯属时轮系统，民用年历则为印度的时轮历、汉族的黄历和藏族本身的农牧谚语的混合体。

计算用的年历可用第六节中的嘉庆六年辛酉（公元1801年）历书为代表，其内容包括日历和月历。日历是逐日的：1. 太阴日的星期序数，2. 太阴日结束时刻，3. 太阳的真黄经，4. 月亮的真黄经。1、2两项是推算重日、缺日，安排大小月的基本数据，3、4两项是确定朔望和日、月食预报的基本数据。此外还有：5. 十一种“作用”（每半天换一种），6. 廿七种“会合”的黄经（由太阳和月亮的黄经相加而得）。这两项完全是为占星用的。

月历内容包括：逐月的 1. 太阳入宫和节气的时刻，2. 中气日的昼长、夜长，3. 闰月，4. 重日、缺日，此外，还有占星用的：5. 值月曜宿，6. 大自在天起居，7. 药水，毒水等节日。

民用年历，旧式的内容复杂，今已简化，现用西藏人民出版社出版的 1978 土马年历书（藏文）为代表，略加分析：

可分为：全年总说、分月概说、逐日历注三部分。其内容有：

1. 时轮历的：①闰月、重日、缺日，②入宫时刻，③天象：月相、行星的方位（如金、水会于毕宿等）和日、月食，④曜次，⑤根据九曜的方位及其相互关系进行长期天气预报。

2. 黄历系统的：①春牛、芒神、几龙治水、几人分饼、春社、秋社、三伏、九九等。②月令候应：如雷始发声等。③物候如蛰虫始振，戴胜（鸟）鸣，草木萌动，桃始华等，不过按当地情况做了调整。④廿四个节气。⑤远期天气预报。

3. 涉藏地区各地农牧民关于划分季节和预报天气的谚语很多，后来把它系统化了，至今沿用，拉萨市医算局 1978 年的《西藏星算天象基本知识》继承了这一内容，并举了一些近年来验证的实例。其算法为：

冬至后廿四天为“回归日”，其后的四十天为“鸟日”，其后的十二天为“室壁日”，其后的半个月为“白胶日”，其后的九天为“鹨日”（红嘴鸦），其后的七天为“鹞来日”。

夏至后的廿一天为“回归雨期”，其后的十五天为“犏半月”，间隔三天以后的十五天为“狐日”，其后的廿一天为“中心日”，其后的十五天为“鹞去日”。

其中一个大段又分为几个小段，如鸟日包括：母怀六天，翅边六天，肩头三天，颈窝三天，口面三天，翅尖五天，成雏十天，共四十天。

观察这些日期的天气，有中期或远期天气预报的作用。例如：冬至后廿四天内如果风雪多，寒气重，则次年雨水多。夏至后廿一天内“数七”，即夏至当天，和三个第七天（即夏至起1，8，15，22个曜次相同的日期）如有雨，叫作“天低”，夏季不旱，如果无雨，叫作“天高”，有廿一天的旱，等等。

这些说法是吸收各地民间经验而来的，如“鸟日”的算法来自藏南洛绒，室壁日的算法来自后藏。

## 十、宇宙概念

时轮历来源于印度，印度古代的宇宙观中流传最广的，以小乘佛教的名著《俱舍论》为代表。《时轮经》虽然也是佛教经典，但它的宇宙观与《俱舍论》有较大的不同。即使是在印度，也是相当特殊的一派。现将其中与历算关系比较密切的内容简述如下：

大地的中心是须弥山，以须弥山的中心为圆心，取五万由旬（一由旬约等于四千丈）为半径作圆，而取二万五千由旬作一圆。这两个圆之间的整个环形地区叫作大瞻部洲，它按南、东、北、西分为四个象限，每一象限为一洲，称为南洲、东洲、北洲、西洲。每洲再均分为西、中、东三区。南洲中区的中线为经度的起点零度，东洲中区的中线就是这种经度的东经90度，南洲东区中线就是东经 30 度。《时轮历精要》认为西藏在这种经度的东经 23 度的地方（参看本文第三节第二段）。

天穹像一把大伞，它被风力推动不停地右旋，即顺时针方向旋转。其中央最高处与须弥山顶相接，四周渐低，最低处与马首火山的顶端相接，高七万五千由旬。伞面是凹凸不平的。十二宫犹如伞的十二条肋骨，廿八宿则如镶嵌在伞面上的宝石。其位置是不变的，只是被伞带动右旋，每昼夜一周。这种旋转运动是极为明显易见的。所以叫作“风行”或“显见行”，这就是现代天文学上常说的“周日视运动”。

日、月、五星、罗睺头、尾和长尾慧星共称十曜，都是有生命的。日、月是天神，五星是仙人，罗睺是“阿修罗”，慧星是罗睺的化身。所谓“阿修罗”是一类似天非天的生命，罗睺只是其中的一个。九执历中称之为阿修，是把类名当做作专名用了。诸曜除被动的显见行之外，又各自有其主动地按着一定的轨道和速度的旅行。十二宫和廿八宿则有如他们旅途中住宿的房舍。他们行走的方向，罗睺头尾与宫宿运动的方向相同，是右旋的，其他八曜都是朝着相反的方向左旋，即逆时针方向的。这种主动的运动叫作“本身行”，就是现代天文学上所常说的周年（或周月）视运动。他们运动的速度不同，所以回到相对于宫宿的原位置的周期也不同。这就是它们的恒星周期。由于伞面凹凸不平，要上坡下坡，所以他们的速度是不均匀的。这种不均匀运动的起点叫作“诞生宫宿”，就是现代天文学上所说的远日点（或远地点）。诸曜的不均匀运动都可分为快行、慢行、曲行、跃行四个阶段（参看上文五星运动节）就是现代天文学上常说的近地点运动的周期。

时轮历中的宫宿是从白羊宫的娄宿开始的。印度古代最初以昴宿为首,以白羊宫的娄宿为首则在较晚的时期。这对于论证《时轮经》成书的年代也可能是一条重要的线索。

关于十二宫命名的意义,《白琉璃论》和《隆都喇嘛全集》中是这样解释的：

> “弓僵硬之时（指人马宫），水兽张口向阳之时（指摩羯宫），
>
> 瓶内酒味醇厚之时（宝瓶宫），鱼类活泼游行之时（双鱼宫），
>
> 羊产羔之时（白羊宫），牛耕地之时（金牛宫），
>
> 畜生发情之时（双子宫），龟鸣之时（巨蟹宫），
>
> 狮子交媾之时（狮子宫），少女容颜焕发之时（室女宫），
>
> 秤衡茶油等物之时（天秤宫），蝎子潜入洞穴之时（天蝎宫）。

其中“龟”梵语 Karakata 藏语为蛙或骨蛙，硬壳蛙，即龟。这些物候与西藏高原的情况不全符合，龟则直用梵语原音，其来自印度是没有问题的，这个说法值得与巴比伦和埃及的命名意义互相比较印证。

至于蝎子入洞之时，有的藏文书上解为杀牲造孽之时，那只是由于“蝎子”与“罪孽”两词在藏文中同形同音，全出于望文生义穿凿附会了。

关于诸曜运行的轨道之间的关系和产生季节的原理，时轮派内部也有许多不同的观点。《时轮历精要》根据《日光论》把这些观点归纳为两大类，一类认为宫宿为一层，诸曜又各占一层，各自在自己的层次上以距北极固定的半径运动。不但宫宿没有南北行，诸曜也没有南北行。这些轨道形同几个大小不同的头盔叠起来，其边缘互不相交，所以叫作《叠盔说》。另一大类认为宫宿无南北行，而日、月、五星诸曜有南北行。这一类又分为三种，第一种认为四洲的季节是同时的；第二种认为方向相反的两洲，季节相同，另外两洲相对，叫作“连环说”；第三种认为四季是转动的，其中又分三派，第一派认为宫宿和地上的四季都是左旋的；第二派认为宫宿右旋，四季左旋；第三派认为宫宿和四季都是右旋的，诸曜有本身行，又有南北行，宫与季的关系如同水流与船行的方向的关系，所以这一派叫作“船说”。日光论是主张“船说”的。这一派认为十二宫轨道的半径为77500由旬，其圆心不在须弥山的中轴，而在距离中轴一万二千五百由旬处（这样说等于说是一个偏心轴）。其平面也不与地面在一个平面上，而是有一个夹角，最高处与凉山相接，离地面八万六千由旬，最低处与马首火山相接，高七万五千由旬，最高最低相差一万一千由旬。

## 十一、小　结

藏历属阴阳历，与夏历相似，但属于不同的历法系统。它以时轮历为基础。时轮历来源于印度，受过伊斯兰教的影响，分为体系派和作用派两大派别。11世纪传入西藏，至15世纪有很大的改进，18 世纪初吸收了时宪历的部分内容后完全定型，沿用至今，它的基本内容小结如下：

1. 天体分为两类，一类是十二宫和廿七宿，顺时针方向做周日视运动，其相对位置不变。一类是日月五星等七曜，在宫宿背景上作周年（或周月）视运动，这种运动的速度不均匀，有近点变化，时轮历使用的日躔月离损益率与麟德历相近。黄白交点也作为两个天体，称为罗睺头、罗睺尾。其周年视运动是均匀的，方向与七曜相反。

2. 时轮历使用的恒星年的数值，作用派较体系派准确，但仍比实值大千分之二十四日，而且两派都把恒星年与回归年混为一谈。近代虽有人意识到了岁差现象的存在，做了一定的处理，但是没有明确的岁差概念。对春分点的移动，错误地认为是各地经度不同之故。

恒星年的十二分之一叫作“宫月”，相当于现在的平太阳月。

3. 朔望月的数值非常精确，并以月亮运行月的白分和黑分弧长的十五分之一的时间长度为一太阴日，其时间长度是不等的。对于确定月建大小，置闰和推算日月食都很方便，但在安排历日中则出现了重日和缺日，这是时轮历的一大特点。

4. 置闰按宫月与朔望月的配合关系，用无中气则闰的原则来安排。闰章为六十五年廿四闰，比四分历的十九年七闰稍短。

5. 时轮历中太阴日与太阳日有日序中的相互配合，便产生了缺日和重日这种特殊结构。重日与缺日的积累便形成大小月的分配。这种安排大小月的方法，是有道理的。它与无中气则闰的道理有相似之处。至于有人以为它是人为地把吉日重复，把凶日缺掉，那是一种倒因为果的对表面现象作出的不正确解释。

6. 对日月食预报的各个项目：食限、经食时间、食甚、食分，入食方向等都已齐备，其方法比较简明扼要，对入食原理的解释比较形象，易于被人们接受。

月食的预报比较准确；日食的预报，由于没有考虑纬度和视差，食分的误差较大，食甚时刻也欠准确。

7. 对五星运动已能分解成内行星和外行星的自身运动与因地球公转而引起的视差移动，能比较准确地解释和预报五星的各种视运动现象以及各种运动阶段的快慢变化，包括顺行、留、逆行等现象。它所使用的恒星周期的数值内行星是相当精密的，火星、木星误差也不大，土星则有 6 天的误差。